豊田家
紡織事業の経営史

紡織から紡織機、そして自動車へ

山崎広明 著

文眞堂

目　次

I　はじめに―本書の課題 …………………………………………… 1

II　豊田ファミリーの所得の形成過程 ……………………………… 3

   1　はじめに ………………………………………………………… 3
   2　「日本紳士録」所載所得税課税年度の確定 ………………… 4
   3　豊田ファミリーの所得税額の推移 …………………………… 9
   4　むすび …………………………………………………………… 30

III　豊田自動織布（自働紡織）工場の急成長 …………………… 34

IV　豊田紡織㈱の経営史 …………………………………………… 46

   1　はじめに ………………………………………………………… 46
   2　豊田紡織㈱の事業展開 ………………………………………… 47
   3　豊田紡織㈱の低利益率と高売捌益率 ………………………… 59
   4　高所得形成のメカニズム ……………………………………… 69
   5　むすび …………………………………………………………… 74

V　㈱豊田紡織廠の経営史 ………………………………………… 79

   1　在華紡の形成史 ………………………………………………… 79
   2　豊田佐吉の日中親善論 ………………………………………… 85
   3　㈱豊田紡織廠の設立 …………………………………………… 89
   4　㈱豊田紡織廠の展開 …………………………………………… 93
   5　大株主と経営陣の変化 ………………………………………… 95
   6　利益率の推移 …………………………………………………… 99

7 豊田ファミリーの高所得への貢献——豊田紡織㈱との比較—— ……… 108
Ⅵ ㈱豊田自動織機製作所の経営史 …………………………………… 113
   1 ㈱豊田自動織機製作所の設立 ………………………………………… 113
   2 ㈱豊田自動織機製作所の事業展開——紡織機事業—— …………… 122
   3 ㈱豊田自動織機製作所の事業展開——自動車事業への進出—— … 135
Ⅶ ㈱豊田自動織機製作所の自動車事業進出の金融過程 ……… 145
Ⅷ むすび ……………………………………………………………… 155

参考文献 ……………………………………………………………………… 163
豊田佐吉略年譜（豊田自動織布工場設立まで） ……………………… 165
あとがき ……………………………………………………………………… 168

I

はじめに―本書の課題

　小学校しか出ていない，半農半工の大工の長男であった豊田佐吉が，後を継いで欲しいと願っていた父親の期待に反して織機の発明を志し，苦労の末に中堅紡績会社の主となり，日本一の「織機王」となるまでの成功物語については多数の著作があり，また，佐吉の長男喜一郎が，父が築いた事業を基礎に新興の自動車産業に果敢に進出して，現在のトヨタ自動車㈱の基礎を築くことに成功した物語についてもいくつかの学問的著作を含む作品がある。しかし，佐吉やその2人の弟，平吉と佐助，そして佐吉の後継者である利三郎と喜一郎，総じて豊田ファミリーの人びとが，昭和の初期には中京5大財閥のひとつに数えられるようになる巨大な富を築き，それをもたらした多額の所得を形成することができたプロセスを確かな資料にもとづいて解明した研究は今のところ皆無である。また，ファミリーに高所得をもたらした豊田家の事業についても，各社の社史はあるものの，その歴史を学問的に解明した著作は少なく，まして，上述のファミリーの高所得形成プロセスと関連させてその事業の全体像を提示する作業は未だ行われていない。
　このような状況を踏まえて，本書は，第二次大戦前における豊田ファミリーの所得の形成過程と豊田家の中核的事業の経営史を，基本的には公刊されている資料と書籍を吟味することによって，できる限り具体的・実証的に解明することを目指している。研究が進むにつれて，一次資料の発掘に力が注がれ，研究の資料第一主義，研究のトリヴュアリズム，問題意識の希薄化の弊害が指摘される中で，公刊されている資料を吟味して，新たな事実を発見し，それにもとづいて重要な課題に挑戦することの意義を，ひとりでも多

くの読者に認めて頂ければ幸いである。

　本書の構成は目次に示した通りであるが，一般の読者の便宜のために巻末に，豊田佐吉の略年譜を掲げた。この年譜は，基本的には「豊田佐吉傳」によっているが，一部，佐吉の知多郡岡田村や石川藤八とのかかわりについては，小栗照夫「豊田佐吉とトヨタ源流の男たち」（新葉館出版，2006年）によって加筆した。

II

豊田ファミリーの所得の形成過程

1 はじめに

　1937（昭和12）年に刊行された松下伝吉著「中京財閥の新研究」（合資会社中外産業調査会）によると，豊田財閥が，伊藤，岡谷と並ぶ中京三大財閥の1つに挙げられている[1]。（松下 1937, 233 ページ）周知のように，伊藤，岡谷は徳川時代以来のこの地の大富豪であるのに対して，豊田は，明治の前夜（1867＝慶応3年）に現在の湖西市に半農半工の大工の長男として生まれた豊田佐吉が苦闘の末に一代で築き上げた，まさに新興の，豊田紡織㈱を中核とした企業グループである。この過程について，佐吉は，「パンの資」を得るために「俗業」（紡織業）に身を投じ，「旅稼ぎ」に出た（上海への進出）と述懐している。このことばを手がかりとしつつ，豊田家の第二次大戦前における事業の展開過程を実証的に解明することがわれわれの最終的課題であるが，これに迫る前提として，本章ではまず，同家の家産の蓄積に貢献した多額の所得の形成過程を，佐吉，平吉，佐助の三兄弟と佐吉の娘婿で佐吉家の跡継ぎとなった利三郎と佐吉の長男喜一郎の5人についてできる限り具体的に明らかにすることを目指している。個人の所得は，最も重要な個人情報であるから，戦前といえどもその情報を得ることは容易ではないが，交詢社版の「日本紳士録」や東京興信所の「商工信用録」などには，調査対象となった人物の所得税額が記載されているので，本章では主として前者によりながら，5人の所得税額の推移を追い，必要に応じて当時の第三種所得税率から逆算して税額に対応する所得額を推定することを試みた。

2 「日本紳士録」所載所得税課税年度の確定

(1) 1924（大正13）年度以降

「日本紳士録」には，掲載対象となった人物について，毎年判明する限りで各人の所得税額が記載されているが，その税額が何年度のものであるか，

表2-1　豊田ファミリー5人の所得税額の推移（円）

	佐吉	平吉	佐助	利三郎	喜一郎
1924年度 29版		1,707 2,756	13,993 13,993	7,994	
1925年度 30版		2,978 2,978	17,446 13,079	7,603 7,603	
1926年度 31版	471	3,705	17,446	18,753 18,363	1,046
1927年度 32版	25,790	4,413	15,570 15,301	9,801	1,805
1928年度 33版	19,571	56,716	19,667 15,832	15,468 13,025	3,265
1929年度 34版	23,516	4,768	29,698	17,153	5,043
1930年度 35版		2,288 2,247	25,902 35,589	20,518 20,313	5,356
1931年度 36版		2,247 2,247	9,123	20,313	34,704
1932年度 37版		839	6,283 6,283	14,844 14,625	24,680
1933年度 38版		1,178	18,570	27,234	68,449
1934年度 39版		2,671	16,846 16,846	41,628	74,958
1935年度 40版		3,597	30,194	122,919	114,896
1936年度 41版		17,672	23,375 23,375	74,821 74,830	51,246 51,264
1937年度 42版		3,086	33,143 33,142	81,895 81,896	95,100 60,531

注）1　上段の数字は東京興信所『商工信用録』各版により，下段の数字は『日本紳士録』により，判明する限りで所得税について課税年度と金額を記入した。
　　2　利三郎の1936年の数字は，『日本紳士録』第41版では7,483円となっているが，下1桁の数字が脱落していると思われるので，一応74,830円とした。
出典）東京興信所『商工信用録』各版，交詢社『日本紳士録』各版。

凡例にも明記されていない。そこで，まず，それを確定することが必要である。一方，「商工信用録」には，判明する限りで，各人の税額とその対象年度が記載されている。表2-1は，豊田家の5人について，彼らの税額が「商工信用録」に記載されるようになった1924（大正13）年度以降について，「日本紳士録」の数字と「商工信用録」の数字とを比較できるように並記したものである。年度は，「商工信用録」により，各欄の上段にその数字を記入し，それと各人の税額が一致するか，それに近い数字が記載されている「日本紳士録」の版の数字を下段に記入し，その版の数を年度の下に示した。各欄の2つの数字を比べると，数字が比較できる22ケース中16ケース（72.7％）で数字が一致するかほぼ一致している（網かけの欄）。このことから，「日本紳士録」各版と税額の課税年度との対応は，この表が示す通りだと想定しても大過なかろう。

(2) 1923（大正12）年度以前
① 明治年間

1923年度以前については，「商工信用録」に豊田家のメンバーの名前は登場しないか，登場していても所得税額は未詳となっている。そこで，同じ手法で課税年度を確かめることはできないが，明治年間については，名古屋商業会議所が作成した「名古屋商工人名録」（1909年4月刊）と「名古屋商工案内」（1910年3月刊，1911年9月刊）が市内の主な商工業者の所得税額と営業税額の両者あるいはそのどちらかを記載しており，われわれは，これによって豊田佐吉と平吉の明治末期の税額の一端を不十分ながらも知ることができる。また，名古屋の代表的な綿織物問屋に成長しつつあった服部商店の服部兼三郎についてはコンスタントにデータを得ることができる。そこで，表2-2に，まず課税年度が明示されている「商工人名録」と「商工案内」によって判明する限りの3人の各年度の税額を記入し（下段），その上で「日本紳士録」各年版で判明する刊行時期からみてその年度分と思われる各人の税額を上段に記入した。そうすると，比較可能な数字が得られるケースが5つあり，そのうち4つまで数字が完全に一致（下1桁の1円の違いは四

6 II 豊田ファミリーの所得の形成過程

表2-2 豊田佐吉・平吉・佐助と服部兼三郎の所得税額と営業税額の推移（円）

人名 税種	佐吉 所得税	佐吉 営業税	平吉 所得税	平吉 営業税	佐助 所得税	佐助 営業税	服部兼三郎 所得税	服部兼三郎 営業税	課税年度	備考
10版	刊行年月 1905.12	82				52		175			
12	1907.12	155				29		753	696		
13	1908.12 1909. 4	97			101		269		850	1,089 1,090	1908年	
14	1909.12 1910. 3	97				269 269		825	1,046 1,046	1909年	
15	1910.12 1911. 9					113		963 963	2,269	1910年	
16	1911.12					192		1,021	2,723 2,480	1911年	所得税は1910年度、営業税は1911年度
17	1912	142				200		1,862			
18	1913 1914. 3	276	56	30	43	187	394	215	3,846	1913年	
19	1914 1915.11	374		29		187 187	653 531	241	2,497	1914年	

注）各版の上段の数字は『日本紳士録』により，下段の数字は『名古屋商工人名録』（1909年4月刊），『名古屋商工案内』（1910年3月刊以降分）による。
出典）名古屋商業会議所『名古屋商工人名録』（1909年4月刊），『名古屋商工案内』（1910年3月刊，11年9月刊，14年3月刊，15年11月刊）。

捨五入の関係とみてこれに含めた，網かけの部分）しており，服部の1911（明治44）年度の営業税のみ不一致だが，その差は1割程度と小さい。このことから，「紳士録」各版の所得税額の課税年度は，13版—1908年度，14版—1909年度，15版—1910年度，16版—1911年度と想定することができ，この刊行時期と課税年度の対応関係から10版，12版についても，10版—1905年度，12版—1907年度と考えることができよう。

② 1912年度−1923年度

まず，「日本紳士録」第17版所載の税額の対象年度については，合資会社商工社編の「日本全国商工人名録」増訂5版が有用である。これには，豊田佐助の所得税額が201円と記されており，「凡例」によると，記載されている所得税，営業税は1912年及び1913年分となっている。これだけでは，どちらが何年分か分らないが，営業税については，1913年現在の税率表が掲載されているから，営業税が1913年度分であり，所得税が1912年度分であると見ることができる。また，同書の次の版である増訂6版では，営業税が

1915（大正4）年度分，所得税が1914（大正3）年度分と明記されている。これらから，同書増訂5版の所得税は1912年度分であると判断できる。その上で，同書に記載されている呉服綿布問屋，太物卸商，機業の主だった人物35人（その中に豊田佐吉と佐助も含まれている）の所得税額と「日本紳士録」第17版に記載されている所得税額を比べてみると，両方で数字が得られる22ケース中17ケース（77%）で数字がほとんど一致している。このことから，第17版の数字は1912年度分であると見ることができる。

次に，「日本紳士録」第23版所載の税額の年度についても，同種の資料を用いて同じ作業を試みた。これに使った資料は，同じ商工社編の「日本全国商工人名録」増訂7版であり，この「凡例」によると，「営業税は大正6年度及7年度を以てせり　是は調査の着手7年2月の開始にして7年末に終りしによる」とされており，所得税が何年度分のものであるかについては全く触れていないが，当時の個人の所得税が，当該年の「予算」主義で年末までには税額が決定されていたことからみて，記載されている所得税は1918（大正7）年度分であると見ることができよう。その上で，「紳士録」23版の数字と「商工人名録」増訂7版の数字を比べてみると，比較可能な33ケース中31ケース（94%）で数字がほとんど一致している。そこで，「紳士録」23版所載の税額は1918年度分であるということになる。そして，「紳士録」第23版と第24版の税額を豊田佐吉・平吉・佐助・利三郎，藤野亀之助，児玉一造の5人について比べると全く同じであり，その理由は不明であるが，23版と24版には同じ1918年度分の税額が記載されていることになる。

24版の次の版である第25版は，順序からいって1919年度を対象とすることになるが，1919年度については，「名古屋商工案内」（1920年4月刊）があり，これに記載されている豊田佐助の所得税額と営業税額は，「日本紳士録」第25版所載の佐助のふたつの税額と全く同じである。「紳士録」第25版の対象年度は1919年度である。

以上から，「日本紳士録」第17版，第23版，第24版，第25版に記載されている所得税額の対象年度は次の通りであることが明らかとなった。

第17版　　　　　1912年度

第 23 版，24 版　　1918 年度
第 25 版　　　　　1919 年度

そしてそうなると，17 版と 23 版の間にある版について，年度を 1 年ずつ繰り下げて，

第 18 版　　　　　1913 年度
第 19 版　　　　　1914 年度
第 20 版　　　　　1915 年度
第 21 版　　　　　1916 年度
第 22 版　　　　　1917 年度

となるのではないかということが推定される。そこで，前に利用した「商工信用録」を使って，この推定の確からしさを試してみた。「商工信用録」の第 36 版に 1914（大正 3）年度もしくは 1915（大正 4）年度の所得税額が，また 39 版に 1916 年度もしくは 17 年度の所得税額が記載されているので，各年度についてアトランダムに 10 人程度の人物を選んで各人の所得税額を調べ，それと「日本紳士録」各版に記載されている各人の所得税額を対照したところ，その 7－8 割で額が完全に一致するかほぼ一致していた。このことから，上記の推定の確からしさは相当に高いと判断できる。

こうして，われわれが利用したいと考えている「日本紳士録」の第 28 版以前の版の税額の対象年度について，残るのは，第 26 版，第 27 版，第 28 版の 3 つとなったが，それぞれに対応さるべき年度としては，1920, 21, 22, 23 年度の 4 つが残っているから，この 4 つのうちの 1 つだけが余る（調査不能か不十分のため収録されなかった）ということになる。このことを念頭に留めながら，これまでと同じように，「商工信用録」に対象年度が明示されている人物の所得税額を手がかりに「日本紳士録」の数字と「商工信用録」の数字とを照合する作業を試みた。

「商工信用録」第 45 版で 1920 年度の所得税額が記載されている人物の中からイロハ順に「日本紳士録」第 26 版にも所得税額が記載されている人物を 15 人選び，2 つの数字を照合したところ，13 人（87％）で数字が完全にかもしくは大まかに見て一致していた。このことから，「紳士録」第 26 版の

税額は 1920（大正 9）年度分であるとみることができる。

　また，「商工信用録」第 49 版で 1923 年度の所得税額が記載されている人物の中からイロハ順に「日本紳士録」第 28 版にも所得税額が記載されている人物を 13 人選び，2 つの数字を比べたところ 10 人（77％）で数字が完全にかもしくは大まかに見て一致していた。このことから，「紳士録」第 28 版の税額は 1923 年度分であるとみることができる。

　かくて，残るは，「日本紳士録」第 27 版の税額は，1921 年度分か 22 年度分か，そのいずれであるかという問題のみとなった。そこで，「商工信用録」第 46 版と第 48 版で 1921 年度の所得税額が記載されている人物の中からイロハ順に税額 500 円以上の人物 40 人を選び，「日本紳士録」第 27 版にも所得税額が記載されている人物 18 人について 2 つの金額を比べたところ，16 人（89％）について数字が完全にかもしくは大まかに見て一致していた。このことから，「日本紳士録」第 27 版の数字は 1921 年度分のものであるということになる。

3　豊田ファミリーの所得税額の推移

(1)　その全体像（概観）

　以上みてきたところを 1 つの表にまとめると，およそ表 2-3 の通りである。この表には，まず「日本紳士録」各版の版の番号と各版に記載されている所得税額の対象年度との対応関係を明らかにした上で，豊田三兄弟（佐吉，平吉，佐助）及び佐吉の娘婿の利三郎と佐吉の長男喜一郎の各年度の所得税額が示されている。併せて，各人の税額の相対的位置を知るためのひとつの手がかりとして，三井物産の支店長（大阪もしくは名古屋の）を歴任した藤野亀之助と児玉一造及び名古屋最大の綿布問屋となった服部商店主服部兼三郎の税額も記されている。

　また，各人の各年の税額の相対的位置をより的確に判断するには，各人の税額の名古屋市内の高額納税者の納税額の中でのランキングを知ることが必要である。但し，各年度についてランキングを調べるのは容易ではない

10　II　豊田ファミリーの所得の形成過程

ので，ここでは，幾つかの画期と思われる年度を選んで作業を行ってみた。取り上げた年度は，1905（明治38），15, 16, 17, 18, 19, 20, 23, 27, 28, 29,

表 2-3　豊田佐吉・平吉・利三郎・喜一郎と藤野亀之助，児玉一造，服部兼三郎の所得税の推移（円）

		佐吉	平吉	佐助	利三郎	喜一郎	藤野亀之助	児玉一造	服部兼三郎
8版	1902年	—	—	—	—	—	27	—	24
9	1903	—	—	—	—	—	27	—	38
10	1905	82	—	52	—	—	54	—	175
12	1907	155	—	29	—	—	—	—	753
13	1908	97	—	—	—	—	328	—	850
14	1909	97	—	—	—	—	—	—	825
15	1910	—	—	—	113	—	217	—	963
16	1911	—	—	—	—	—	—	—	1,023
17	1912	(142)	—	—	200	—	2,204	—	1,802
18	1913	270	30	—	—	—	150	—	215
19	1914	374	29	—	187	—	592	—	241
20	1915	491	27	—	166	—	262	168	—
21	1916	1,752	54	—	572	—	262	168	233
22	1917	4,187	1,086	—	4,559	—	—	198	383
23	1918	352	4,339	—	8,747	49	—	614	243	576
24	1918	352	4,339	—	8,747	49	—	614	243	576
25	1919	365	10,418	—	9,176	93	—	—	349	776
26	1920	294	3,134	—	3,943	146	—	—	390	—
27	1921	—	—	—	4,199	2,409	—	—	5,225	—
28	1923	—	1,779	—	15,338	12,776	—	—	30,403	—
29	1924	—	2,756	—	13,993	7,994	—	—	—	—
30	1925	—	2,978	—	13,079	7,603	—	—	—	—
31	1926	471	3,705	—	17,466	18,363	1,046	—	—	—
32	1927	25,790	4,413	—	15,301	9,801	1,805	—	—	—
33	1928	19,571	56,716	—	15,832	13,025	3,265	—	—	—
34	1929	23,516	4,768	—	29,698	17,153	5,043	—	—	—
35	1930	—	2,247	—	35,589	20,313	5,356	—	—	—
36	1931	—	2,247	—	9,123	20,313	34,704	—	—	—
37	1932	—	839	—	6,283	14,625	24,680	—	—	—
38	1933	—	1,178	—	18,570	27,234	68,449	—	—	—
39	1934	—	2,671	—	16,846	41,628	74,958	—	—	—
40	1935	—	3,597	—	30,194	122,919	114,896	—	—	—
41	1936	—	17,672	—	23,375	74,830	51,264	—	—	—
42	1937	—	3,086	—	33,142	81,896	60,531	—	—	—

注）1　佐吉の大正元年の（　）内の数字は『増訂5版　大日本商工人名録』による。
　　2　佐吉の1917年の数字は，原典では，4万1877円となっているが，自動織布工場の操業実態から見て，前年（16年）の1752円から，所得税額が一挙に24倍になるとは考えにくい。原典の数字が縦書き（漢数字）で，前の行の末尾に四一八，次の行の頭に七七と書かれている事から見て，七を誤って七七と記したとも考えられるので，ここでは一応4187円とした。また，4万1877円の所得税を納めていれば，後掲表2-7（1917年度分の税額）で，2位にランクされるはずである。
　　3　利三郎の1936年の数字は，『日本紳士録』第41版では7483円となっているが，下1桁の数字が脱落していると思われるので，一応7万4830円とした。
出典）交詢社『日本紳士録』各版。

33, 37 の各年度である。また，この作業を行うに当たり念頭に置いていた論点は，豊田ファミリーの高所得者（＝高額納税者）への成長であったので，ランキングも上位 100 位までに限ることとした。こうして作成されたのが表 2-4 である。

この表 2-4 についての立ち入った考察は，以下でいくつかの時期に分けて行うこととするが，ここではそれに先立って，豊田ファミリーの所得の形成過程という本章のテーマとの関連で，表 2-4 から読み取れる特徴的な事実についてコメントしておくこととする。

まず，この表で佐吉については，彼が 1921（大正 10）年から 1926（大正 15）年まで居を上海に移したため，日本内地では所得税を納めなかったという事実に注意することが必要である。また，ランキングは 100 位までしか調べなかったため，101 位以下については一括して 101 位以下として処理している。

国税納税額を基準として所得が多い人を示すことばとしては，「多額納税者」が最も著名であるが，これは貴族院多額納税議員の選挙人を選ぶ基準として用いられ，渋谷隆一編の「大正昭和日本全国資産家地主資料集成 IV」（柏書房）に 1918 年，1925 年，1932 年分の名簿が記載されている。し

表 2-4　豊田佐吉・平吉・佐助・利三郎・喜一郎の所得税額の名古屋市におけるランキングの推移

年度	佐吉	平吉	佐助	利三郎	喜一郎
1905 年					
1915 年	61				
1916 年	(12)		75		
1917 年	④	80	(18)		
1918 年		27	(11)		
1919 年		(12)	(14)		
1920 年		(17)	⑩		
1923 年			⑧	(14)	
1927 年	⑥	73	(16)	30	
1928 年	⑨	①	(15)	(20)	
1929 年	⑧	85	⑥	(19)	78
1933 年			⑦	⑥	②
1937 年			(11)	③	⑥

注）番号に附した○印は 10 位以内であることを示す。（　）印は，11－20 位であることを示す。
　　空欄は，税額の記載がないか，101 位以下であるケース。

かし，この基準となるのは国税三税（地租，所得税，営業税）の合計額であり，所得の大きさを知ろうとするわれわれの目的に十分に適合的であるとはいえないし，上記「集成」に収録されている「多額納税者」の人数も1918（大正7）年15人，1925年，1932年各300人と一定していない。

表2-4に示されている豊田家の5人の人物の所得税額ランキングの動きを素直に眺めると，平吉を別にして，20位以上への上昇とその層への定着という事実をその特徴として指摘できるように思われる。そして，後に具体的に説明するように，この層には，名古屋財界の著名な人物が多数顔を出している。そこで本章では，この層を名古屋市内の「大所得層」と呼ぶこととし，このグループとの関連で，豊田家の5人の人物の所得税額の推移の特徴を浮き彫りにすることとした。

表2-4を時系列に沿って眺めてまず第一に目につくのは，三兄弟のランキングが第一次世界大戦中・後のブーム期に急上昇し，佐吉は1916年，佐助は1917年，平吉は1919年からそれぞれ上位20位以内に入り，佐助，平吉は1920年にもその地位を維持していたということである。

そして，佐吉の納税額は1918年以降激減したが，後にやや立ち入って見るように，その所得は実際には佐助，平吉を大きく上回っていたように思われる。その意味で，この時期の末期（1920年）には三兄弟そろって高所得者になっていたと見ることができる。そして，反動恐慌後も佐助はその地位を維持し，佐吉も1927年の帰国後，その地位に戻っていた。これに対して平吉の地位は不安定だったが，後に触れるように，1925年には貴族院議員選挙人名簿に名を連ねる「多額納税者」の一角を占め，この表でも1928年には第1位になっていた。さらに昭和恐慌後の準戦時期（1932－37年）には，佐助が前の時期に引き続いて20位以内の地位（ほとんど10位以内）を維持する一方で，佐吉の遺産とその事業を継承した利三郎と喜一郎がともに10位以内へとランキングを上げて，名古屋のトップクラスの大所得者となったのである。

(2)　明治末期

「織機王」豊田佐吉の発明家，事業家としての活動の軌跡については，「豊田佐吉伝」やトヨタ系各社の社史をはじめとして多数の文献があるが，彼のその時々の経済状態を具体的に示す記述はほとんど見られず，あったとしてもそれを裏づける資料を欠いている。そのような状況の中で，商業興信所編の「大阪市神戸市名古屋市商工業者資産録」（1901 年調，1902 年刊）が，1901（明治 34）年 12 月現在における豊田佐吉の工場経営の状況について次のような事実を伝えている。（商業興信所 1902，名古屋 42 ページ）これによると，佐吉は名古屋市東区武平町で織物業を営んでおり，宅地・家屋の資産額 1137 円で，営業税 22 円，所得税 3 円を納めていたという。佐吉は，1899 年 10 月から㈴井桁商会技師長に就任していたが，由井常彦によると，「同社技師長の就任は一年数ヶ月で，1901（明治 34）年末までには辞任している」（由井 2000，86 ページ）から，この調査は，佐吉が井桁商会を辞めて織布業を自営し始めた後に行われたものと見ることができる。1901 年度の所得税の申告がいつ行われ，その時に佐吉が井桁商会とどういう関係にあったか定かではないが，彼が 1901 年末現在武平町で織布業を営んでおり，1901 年度分の所得税として 3 円を納めていたことは確かである。そして，当時の所得税制では，所得 300 円が課税最低限であり，所得 300 円以上 500 円未満層の税率は 10/1000 だった（大蔵省 1957，984 ページ）から，所得税 3 円の人の所得は 300 円ということになる。当時の佐吉は，所得税の課税最低限に当たる 300 円の所得を稼いでいたのである。一方，「名古屋市統計書　明治 34 年」によると，当時の大工（上等）の日給は 630 厘（0.63 円）であり，仮にひと月に 25 日働くとするとその年収は 189 円となる。井桁商会を辞めて織布業を自営し始めた頃の佐吉は，「上等」の大工の手間賃の 1.6 倍位の所得を稼いでいたと考えられる。

その後における佐吉の所得の稼得状況については，大正元年調べの「愛知県尾張国（名古屋市を除く）資産家一覧表」があり，これによると愛知郡中村に住む佐吉が 3500 円，西春日井郡金城村に住む平吉が 2000 円の所得を得ていた。（竹内 1913，281，359 ページ）「豊田紡織株式会社史」によると，佐

吉は 1910 年 4 月に豊田式織機㈱を辞め，1910 年 5 月 8 日から 1911 年 1 月 1 日までアメリカ，ヨーロッパを旅した後，自分で「パンの資」と織機の発明・開発の資金を稼ぐために織布工場を経営することを企て，1912（大正元）年 10 月に豊田自動織布工場を創設したとされている（豊田紡織株式会社 1953，13-17 ページ）から，この所得には未だ自動織布工場の操業に伴う成果は反映されていないとみるのが至当であろう。元号が明治から大正に変わったのは 1912 年 7 月 30 日だから，この調査はこの日からこの年の末までの間に行われ，恐らく 1912 年度の所得税額から所得額を逆算して推定したのであろう。当時の所得税制では，毎年 4 月末までにその年の「予算」にもとづいて所得を申告することになっていたから，1912 年 4 月における所得税の申告時点で，未だ準備中の工場の成果を予想して所得を申告するとは考えにくい。

　上述のように，佐吉は 1910 年 4 月に豊田式織機㈱を辞めたが，同社の「創立三十年記念誌」の附録「年譜」や「重役一覧」を見ると，公式には，1913 年 3 月期まで常務取締役の地位に留まっていたから，1912 年時点で彼は会社からそれなりの役員報酬乃至は給与を得ていたと考えられ，3500 円の所得にはそれが反映されていたのであろう。

　前に見たように，1901 年における佐吉の所得は推定 300 円だったから，10 年余りの間に所得が 10 倍余に増加したことになる。その上で，この所得水準が当時の県内の綿織物業界の中でどのような位置にあったかが問題であるが，上記「一覧表」によると，知多郡岡田の代表的綿布問屋竹之内源助が 4000 円，佐吉が開発した力織機に目をつけ㈱乙川商会を共同経営して佐吉の織機の開発を助けた知多郡亀崎町の綿布仲買商石川藤八が 3000 円であった。（竹内 1913，17，53 ページ）知多の郷土史家として無名の時代の佐吉の苦闘を助けた人々の貢献に光りを当てた小栗照夫の「豊田佐吉とトヨタ源流の男たち」によると，1890 年，岡田村で藤八は佐吉と知り合った。当時，藤八は有力な旦那衆の一人，竹之内源助邸の座敷にいた人，一方，佐吉は見習いの大工，23 歳，庭先から藤八，源助を眺める位置にあったという。（小栗 2006，60-61 ページ）22 年にして，佐吉はかって庭先から仰ぎ見ていた知

多の旦那衆と肩を並べる所得を稼げるようになったのである。しかし，その所得にしても，当時の三井物産大阪支店長の藤野亀之助や新興の綿布問屋として急成長しつつあった服部商店の服部兼三郎と比べると未だかなりの差があった。前掲表 2-3 によると，服部の所得税額は明治 40 年代に入って急増し，1912（明治 45）年には，1802 円を数えており，これは佐吉の約 13 倍である。もっとも，この税額は 1913 年以降大きく減少しているが，これは大正元年に服部商店が法人化（株式会社化）し，それまでの商工業所得が役員報酬等の給与所得と配当所得に代ったが，当時の税制では配当所得は非課税であり，給与所得は商工業所得に比べると通常ははるかに少なかったからである。一方，藤野の所得税額は，大正元年が突出して大きいので，これは例外としてしばらくおき，その前の 217 円－328 円あたりが通常の額であるとすると，それでもこれは佐吉の所得税額の 1.5－2.3 倍であった。

(3) 第一次世界大戦中・後のブーム期

豊田自動織布工場の操業後は，第一次世界大戦中のブーム，1919 年の戦後ブームに恵まれて，その規模が急速に拡大するとともに業績も好調で，これを反映して佐吉の所得税額は，1912 年の 142 円から 1917 年の 4187 円へと 30 倍近くに増加した。1917 年の所得税率（表 2-5 の A 欄）から課税対象となった所得を推定するとおよそ以下の通りである。

当時の税制では，所得が上昇するにしたがって「逓次に」税率が上昇することになっていた。表 2-5 の B 欄には，各所得階層の上限の所得に対するその階層に属する分の税額が示されており，例えば，所得 2000 円であれば，「1000 円超」の階層であるから，1000 円を超える所得（2000 円－1000 円＝1000 円）について 35/1000 の税率で課税され，その分の所得税は 35 円となる。しかし，2000 円の所得については，1000 円以下の所得について，25/1000 の税率での課税（1000 円×25/1000＝25 円）もあるから，その分を加えて，(25 円＋35 円＝60 円) が所得 2000 円に対する所得税ということになる。こういうことで，表 2-5 の C 欄（累計）には，当該所得が属する所得階層の所得の上限に当たる所得に課される各階層分の最高税額の累計が

16　II　豊田ファミリーの所得の形成過程

表2-5　1917年の所得税率（円）

所得階層	(A) 税　率	(B) 最高税額	(C) 累　計
1,000円以下	25/1000	25	25
1,000円超－2,000円以下	35/1000	35	60
2,000円超－3,000円以下	45/1000	45	105
3,000円超－5,000円以下	55/1000	110	215
5,000円超－7,000円以下	70/1000	140	355
7,000円超－10,000円以下	85/1000	255	610
10,000円超－15,000円以下	100/1000	500	1,110
15,000円超－20,000円以下	120/1000	600	1,710
20,000円超－30,000円以下	140/1000	1,400	3,110
30,000円超－50,000円以下	160/1000	3,200	6,310
50,000円超－70,000円以下	180/1000	3,600	9,910
70,000円超－100,000円以下	200/1000	6,000	15,910
100,000円超	220/1000	－	－

注）1　最高税額は、各階層の上限の所得（例えば、1000円超2000円以下の層の場合は2000円）のうち、この階層に属する所得に対する税額（[2000円－1000円]×35/1000）である。
　　2　累計は、当該所得が属する階層の1つ下の階層の所得の上限に当る所得（例えば、所得2500円の場合は、1つ下の階層は、1000円超2000円以下であり、その上限は2000円となる）に課される、各階層分の累計（例えば、この例では、25円＋35円＝60円）である。
出典）『明治大正財政史　第6巻』1059-1060ページ。

示されている。そこで、例えば所得額6000円の所得税額は、「5000円超」の階層であるから、(6000円－5000円＝1000円)に対して課されるこの階層の分の所得税（1000円×70/1000＝70円）を求め、これにこのひとつ下の階層（3000円超）の欄の累計215円（5000円の所得に対する所得税額）を加えた額（70円＋215円＝285円）ということになる。

したがって、佐吉の1917（大正6）年度分の所得税額4187円に対応する所得を求めるには、表2-5のC欄（累計）で、この金額以下でこれに最も近い金額を探すと3110円であり、この階層は「2万円超」であるから、佐吉の所得は、このひとつ上の層「3万円超」であり、3万円を超える所得に課される税率は160/1000だから、求める所得をXとすると、(X円－3万

円)×160/1000 ＝ 4187 円 － 3110 円という式が成立する．この式を解くと，X 円＝ 1077 円 ÷160/1000 ＋ 3 万円＝ 3 万 6731 円となる．佐吉の 1917 年度の推定所得は 3 万 6731 円である．

　1912（大正元）年の所得 3500 円と比べると，約 10 倍の増加であり，ランキングでみると，佐吉は 1916 年度 12 位，17 年度 4 位と，いずれにしてもこの頃には上位 20 位以内の「大所得者」になったといえる．そして，佐吉の所得税額は表 2-3 によると，1915 年度から 17 年度にかけては，藤野亀之助や服部兼三郎及びこの頃から「紳士録」に顔を出すようになってきた児玉一造（三井物産名古屋支店長）のそれを大きく上回るようになっていた．

　ところが，佐吉の所得税額は，1918 年度以降急減し，1918 年度 352 円，19 年度 365 円，20 年度 294 円となり，1921 年度以降は佐吉が住所を上海に移したために，「紳士録」自体にその名前が登場しなくなった．1918 年には自働紡織工場（1914 年 2 月に自動織布工場が改称された）の事業が法人化されて豊田紡織㈱となり，それまでの商工業所得が，その後は給与所得と配当所得に変わり，1919 年度までは配当所得が非課税（1920 年度からは収入の 6 割にのみ課税）だったから，所得税額が大幅に減ること自体は一応うなづけるが，それにしても，税額が前年度の 10 分の 1 以下になるほどの減税効果がどうして出てきたのか，この間の税務処理については一切不明である．

　しかし，豊田紡織㈱については，毎期「営業報告書」が発表されており，それによって佐吉の役員報酬を推定したり，配当収入を計算したりすることによって，彼の実際の所得を推定することは一応可能である．

（1918 年度分）

役員賞与金及交際費

　1918 年 9 月期（4 月－9 月）　　　　　　　1 万 4700 円

　1919 年 3 月期（1918 年 10 月－19 年 3 月）　1 万 7500 円

　1918 年 2－3 月分は第 1 期の「営業報告書」未見のため不明であるが，
　　1918 年 9 月期と同じ額が 2 カ月分支払われていたとすれば，1 万 4700 円 ×2/6 ＝ 4900 円

1919年3月期の1万7500円のうち18年10－12月分は，1万7500円×3/6＝8750円

以上から，1918（大正7）年2－12月分の合計は，4900円＋1万4700円＋8750円＝2万8350円となる。

但し，これは役員全員に払われた金額であり，これが当時の役員4人にどう分割されたかは分らないが，仮に社長の佐吉に1/2が払われたとすれば，彼の役員報酬等は1万4175円だったということになる。

配当

1918年3月期（1918年2－3月）300万円×0.05（5分配当）×2/12＝2万5000円

1918年9月期（1918年4－9月）　　　　　12万円

1919年3月期（1918年10月－19年3月）　　12万円

このうち，18年10－12月分　12万円×3/6＝6万円

以上から，1918年2－12月分の会社が支払った配当金の合計は，2万5000円＋12万円＋6万円＝20万5000円となるが，佐吉の持株率は48％であるから，彼の取り分は，20万5000円×0.48＝9万8400円である。

かくて，佐吉の1918年の推定所得は，1万4175円＋9万8400円＝11万2575円である。

同じような方法で，1919年，20年の所得を推定してみると，1919年46万8775円，20年49万2000円という巨額になる。1918年と比べて，19年，20年の所得が急増しているが，これは，1919年の戦後ブームに恵まれて，1920年3月期に会社の純益金が激増したことを反映している。念のためにその推移を見ておくとおよそ以下の通りである。

1918年3月期	14万5136円
18年9月期	16万6388円
19年3月期	17万5698円
19年9月期	21万3833円
20年3月期	159万1905円
20年9月期	20万4276円

21年3月期　　　　　　　20万3650円

　当時の所得税制では，毎年4月までにその年の「予算」にもとづいて所得を申告することになっており，当然のことながら，通常はできる限り少な目に所得を申告するだろうから，所得税額にもとづく所得の推計は，実際より少な目になると考えるべきだろう。一方，1918－20年分の佐吉の所得について行った以上の推計は，基本的に「営業報告書」ベースの事実にもとづいている（役員報酬等の社長の取り分の比率のみは仮定にもとづいているが）から，上記の1917（大正6）年の推計所得と18年のそれとを比較する際には，このことを考慮に入れなければならないが，上記の推計によれば，1917年から18年にかけて所得が3倍になっており，この増加倍率をある程度割り引いたとしても，2倍以上に増加したことは確かであろう。そして，その後1919, 20年度と，佐吉の推計所得は，特に1920年3月期の超好業績に恵まれて1918年の4倍以上に急増したから，実際の佐吉の所得のランキングは，1918年以降も20位以内であった，そして恐らくはその中でもトップクラスに位置していたであろうと推定しても大過なかろう。

　一方，豊田佐吉の2人の弟である平吉と佐助は，佐吉が独力での織機の開発に苦闘している時代にその手足となって兄を助けたが，平吉は1900年8月，佐助は1909年2月からそれぞれ自分の工場を持って織布工場主としての道を歩み始めた。のちの豊田織布押上工場，同菊井工場が彼らの自立の拠点となった工場であるが，この2工場の沿革について，「豊田佐吉伝」は，それぞれ次のように述べている。

　豊田織布押上工場　豊田平吉が個人で経営の任に当ってきた工場。最初は佐吉の武平町時代に，「兼松寅之助，服部兼三郎両氏が名古屋市西区堀端町に共同で創立した織布会社であったが，業績挙らず遂に閉鎖の止むなき状態に立ち至ったのを，後に平吉氏が個人で引受け，大正七年今日の西区北押切町へ移転」した。1927年紡績も開始し，1929年1月に株式組織に変更した。（田中1933, 153ページ）

　豊田織布菊井工場　名古屋市西区西薮下町にあり，豊田佐助の個人経営。1909年2月創立。豊田佐吉が豊田式織機㈱にいた時に発明した織機の営業

的試験を行うことが必要であることを力説したが，重役陣に反対されたため，個人でそれを行うべく設立されたものである。最初は，鐘紡兵庫工場へ持って行って試験し，失敗して持ち帰った織機30台を据付け，その後「織布の利益金に依って取り替へて70台に増加し，明治43年には100台，それから120台，150台，200台と増加して工場の改築を行ひ，今日では600台になってゐる。これらの拡張を全部利益金によって行ひ得た。」その経営は弟の佐助に委ねられ，その製品菊天（菊印天竺）は素晴しい売れ行きを示し，佐吉は，「その失意時代にここから発明に要する実験費を得ることができた。」(田中1933，154-155ページ)

豊田織布押切工場の操業年月が明示されていないが，農商務省の「工場通覧」によると，これに当ると思われる工場（名称は微妙に異なっている場合があるが）の創業年月は1900（明治33）年8月である。また，最初の工場が西区北押切町へ移転した年が1918年となっているが，豊田英二の「決断」によると，「大正六年に工場が移転したのは，お堀端は周囲に民家があり，工場を拡張できなかったからだ。ちょうど第一次大戦のころで，景気がよく，儲けたから工場を拡張しようということだろう」（豊田2000，21ページ）と記されている。「工場通覧 Ⅵ」もこの工場の創業を1917年2月としている。

この平吉と佐助の工場の規模拡大の跡をたどってみると表2-6の通りで，

表2-6 豊田織布押切・菊井工場の職工数の推移

年末	豊田織布押切工場	豊田織布菊井工場
1902年	42人	—
1907年	43	—
1909年	—	36人
1916年	70	348
1917年	300	469
1918年	255	463
1919年	543	469

出典）後藤靖編集『工場通覧Ⅰ・Ⅱ・Ⅲ・Ⅳ・Ⅴ・Ⅵ・Ⅶ・Ⅷ』（柏書房，1986年）。

英二が述べている通り，平吉の押切工場の職工数は，1916年末の70人から17年末の300人へと急増し，18年末には255人へとやや減少したものの，19年末には543人と16年末の8倍近くまで急増している。また，佐助の菊井工場の職工数は，1909（明治42）年末の36人から1916年末の348人，17年末の469人へと増加し，1909年末から1917年末にかけての増加倍率は13倍に及んでいる。この工場規模の急拡大とブーム期の綿布価格の急騰を反映して，平吉と佐助の所得税額は急増し（表2-1），そのランキングも表2-4に示されるように急上昇して，2人そろって1919，20年には上位20位以内の大所得層にランクインした。そしてこの間，1918年調べの「貴族院多額納税者名簿」（愛知県分）で佐助は，表2-7に示されるように，8位に位置していた。

このように，平吉と佐助は，表2-4に示されるように1915年までともに所得税額ランキングで101位以下にとどまっていたが，第一次大戦中・後のブーム期に急速にその地位を高めて，佐助は1917年以降，コンスタントに20位以内の地位を維持し，平吉も1919，20年にはその仲間入りをすること

表2-7　愛知県の「多額納税者」（1918年調べ）

順位	氏名	国税合計	うち所得税	住所	職業
1	鈴木　金右衛門	91,983	91,427	名古屋市	商
2	後藤　新十郎	11,262	9,770	同	同
3	中埜　又左衛門	11,178	8,069	半田町	同
4	豊島　半七	10,381	9,366	一宮町	同
5	小栗　三郎	10,178	6,643	半田町	同
6	吉田　栄助	8,669	8,129	名古屋市	同
7	森　林平	8,088	7,226	浅井町	医
8	豊田　佐助	6,028	4,599	名古屋市	工
9	判治　孫齊治	5,682	5,164	幡多郡	商
10	村瀬　周輔	5,560	3,693	名古屋市	同
11	小出　庄兵衛	5,449	3,429	同	同
12	高松　定一	5,391	3,125	同	同
13	鈴木　政吉	5,309	4,709	同	工
14	鈴木　総兵衛	4,808	1,972	同	商
15	春日井丈右衛門	4,767	1,474	同	同

出典）渋谷隆一編『大正昭和日本全国資産家地主資料集成Ⅳ』（柏書房株式会社，1985年）4ページ。

になった。そして，佐吉も既に見てきたように，実質的にこの層のトップクラスの所得水準を実現していたと考えられるから，この時期に，豊田三兄弟はそろって大所得者となったのである。

(4) 反動恐慌後の「慢性不況期」

佐吉は，1921（大正10）年11月15日に住所を上海へ移したが，数年の後病気で体力が弱ってきたこともあって，1927（昭和2）年9月29日には日本へ帰国した[2]。そして，1927年からは「日本紳士録」の上でも，多額の所得税を納める人物として再び登場するようになった。表2-4によると，彼のランキングは，1927年度6位，28年度9位，29年度8位と1930年10月30日に逝去するまで終始10位以内の地位を保っていた。「日本紡織年鑑 昭和4年」に記載されている「会社商店重役幹部所得税一覧」によって，1927年度分の大紡績会社及び大繊維商社の社長，副社長の所得税額と豊田佐吉・佐助・利三郎のそれとを比べてみると表2-8の通りで，佐吉は大紡

表2-8 紡績関係大会社社長・副社長と豊田ファミリーの所得税額の比較（1927年決定税額）

	氏名	税額	会社名	氏名	税額
社長	谷口 房蔵	52,868 円	大阪合同紡		
	菊池 恭三	46,571	大日本紡		
	八代祐太郎	37,935	福島紡		
	阿部房次郎	30,698	東洋紡		
	児玉 一造	26,409	東洋綿花	豊田佐吉	25,790 円
	伊藤長兵衛	23,846	丸紅商店		
	宮島清次郎	19,748	日清紡		
	喜多 又蔵	18,814	日本綿花		
				豊田佐助	15,301
副社長	山田 穆	30,887	日本綿花		
	庄司 乙吉	16,836	東洋紡	豊田利三郎	9,801
	秋山 広太	8,927	大阪合同紡		
	福本元之助	8,452	大日本紡		

出典）日本紡織通信社『日本紡織年鑑』1929年，48-52ページ所載「会社商社重役幹部所得税一覧」より作成。

績・大商社の社長とほぼ肩を並べており，弟の佐助は，東洋紡の副社長，娘婿の利三郎は大阪合同紡や大日本紡の副社長とほぼ拮抗していた。

そして，この所得の源泉については，対象が1927，28年に限られているが，表2-9のような興味深い資料がある。佐吉の場合には，配当が全体の7－8割を占め，2－3割が役員報酬等の給与所得であり，配当収入は両年度で大きな違いはなかったが，給与所得は，恐らくは晩年に健康をそこねたことから，27年から28年にかけて6割程度に減少していた。

豊田家の4人が豊田系3社（豊田紡織，豊田紡織廠，菊井紡織）の役員をどのように兼任していたか，その状況を1926（大正15）年度下期について示した表2-10をみると，佐吉は佐助以上に幅広く，かつ深く3社にコミットしていたが，1928年には給与所得で佐助が佐吉を上回っていたことからもこれはいえそうである。表2-9についてここでもうひとつ注目すべきは，前に1918－20年度について行ったと同じ手法（所得税額と税率の構造から逆算して課税対象となった所得を推定する）による推定所得額と実際の所得決定額とがほとんど一致しているということである。このことは，われわれ

表2-9　豊田三兄弟の所得とその内訳（1927，28年分）（円）

		所得決定額	所得の内訳				推定所得額
			商工業	配当	俸給等	その他	
豊田佐吉	1927年	(100) 152,060		(69) 105,160	(31) 46,900		(99.7) 151,543
	28年	(100) 122,390		(78) 95,187	(22) 27,433	(0) △230	(99.6) 121,929
豊田佐助	1927年	(100) 102,860	(29) 30,000	(33) 34,030	(38) 38,800	(0) 30	(98.8) 101,595
	28年	(100) 106,690	(31) 32,900	(38) 40,098	(31) 33,600	(0) 92	(97.6) 104,124
豊田平吉	1928年	(100) 290,500	(93) 270,000	(6) 16,500	(1) 3,200	(0) 800	(99.9) 290,217

注）1　（　）内は所得決定金額に対する百分比。
　　2　推定所得額の（　）内は，所得決定金額に対する百分比。推定所得額は，所得税額から逆算した所得の推定値。
出典）大蔵省『第三種所得税大納税者調』1927年分，28年分。

表 2-10　1926 年度下期における豊田ファミリー 4 人の豊田系企業に対する役員兼任状況

	豊田紡織	豊田紡織廠	菊井紡
佐 吉	社 長	社 長	監査役
平 吉	—	—	取締役
佐 助	—	—	専務取締役
利三郎	常務取締役	取締役	取締役

出典）各社『営業報告書』1926 年度下期分。

の本章における所得の推定の確度の高さを証明しているといえよう。

　佐助は，表 2-4 に明らかなように 1929（昭和 4）年まで終始 20 位以内の地位を維持し続けた。そして，既に見たように，1927 年度には大紡績会社や大商社の副社長クラスの人物と肩を並べる所得を得ていた。また，1927，28 年度の所得の源泉を見てみると表 2-9 の通りで，それは商工業所得と配当と給与所得にほぼ三等分されていた。彼の場合には，豊田系各社からの配当と菊井紡織専務としての報酬のほかに，自前の工場である豊田織布菊井工場からの商工業所得がそれらと並ぶウエイトを持っていたのである。

　そして，豊田織布菊井工場のこの時期における操業規模は表 2-11 の通りで，1919 年 12 月末の 469 人から 21 年 12 月末の 280 人へと大きく減った後，22 年 12 月末の 508 人へと 8 割以上増加し，昭和恐慌期の 1930 年 3 月末の 310 人へと再び大幅に減少する等，市況の変化に機敏に対応して操業規模を変動させていたように思われる。また佐助は，1925 年に作成された「貴族院多額納税者名簿」にも顔を出しており，その愛知県における順位は 26 位であり，名古屋の有力呉服商滝定助（22 位）や綿布商服部与吉（27 位）と肩を並べていた。（澁谷 1985, 236 ページ）

　佐吉，佐助と比べて次男平吉の地位は不安定で，表 2-4 に示されるように，そのランキングは，1920 年度の 17 位から 23 年度の 101 位以下へと大きく下がり，1927 年度の 73 位から 28 年度の 1 位へと急浮上した後 29 年度には 85 位へと再び大きく低下した。そして，表 2-9 によると，1928 年度には 27 万円という巨額の商工業所得を挙げて名古屋市トップ，全国的にも 96 位に位置する大所得者となったが，この表における彼の配当所得と給与所得

を佐吉，佐助のそれと比べると明らかなように，彼の所得，特に後者は相対的に少なかった。前掲表2-10からもうかがえるように，彼は豊田系各社とのかかわりでも，弟の佐助が経営する菊井紡織の取締役をつとめるだけであったし，各社株式の持株数も少なかったから，自前で経営する豊田織布押切工場（1929年1月に法人化されて豊田押切紡織株式会社となった）からの商工業所得が所得の主源泉だった。ところが，この工場の経営は必ずしも好調とはいえず，表2-11に明らかなように，その操業規模（職工数）は1919（大正8）年12月末の543人から22年12月末の374人へと3割以上縮小し，その後は恐らく1929年における法人化（と紡織兼営化）によって1930年3月末の550人へと拡大したが，法人化後の豊田押切紡織の経営は芳しからず，1938年9月期まで繰越欠損を抱える状態であった。このような状況の中で，なぜ1928年度のみ多額の商工業所得を挙げることができたか，その理由は今のところ不明である。なお，平吉も1925年に作成された「貴族院多額納税者名簿」に顔を出しており，愛知県で128位に位置していた。（澁谷1985，249ページ）

佐吉家の跡継ぎである利三郎は，神戸高商を卒業後，東京高商専攻科，伊藤忠(名)マニラ支店勤務を経て佐吉の娘婿となり，1915年から佐吉家の事業

表2-11 豊田織布押切工場（押切紡織）と豊田織布菊井工場の職工数の推移

年月末	豊田織布押切工場（押切紡織）	豊田織布菊井工場（菊井紡織）
1919年12月	543人	469人
1921年12月	495	280
1922年12月	374	508
1930年3月	550	310
1931年10月	489	290
1932年10月	526	330
1936年9月	685	369

出典）1919年12月末は前掲『工場通覧Ⅷ』，1919年12月末，22年12月末，31年10月末，36年9月末は協調会編『全国主要工場鉱山名簿』各版，1930年3月末は名古屋工業研究会編『名古屋工場要覧』（1930年6月），1932年10月末は愛知県警察部工場課『愛知県工場要覧』（1933年8月）による。

の経営に参画していたが，次第に実力を発揮して，1929年には，豊田紡織常務，豊田紡織廠専務，豊田自動織機製作所社長等豊田系企業の要職に就いたほか，豊田紡織の関係会社となっていた中央毛糸紡績，中央紡績のほか日亜拓殖の取締役も兼ねていた。(「日本紳士録」第34版，1930年，61ページ）この過程で，表2-4に明らかなように，彼の名古屋市における所得税額ランキングも上昇し，1923（大正12）年以降，1927年を別として（この年は30位だった），上位20位以内の地位に定着した。上述の役員としての各社への関与が次第に拡大したこと，この時期には彼個人の豊田系各社の株式の所有はそれ程多くなかったことからみて，彼の所得の増加は主として給与所得によってもたらされていたと推察される。

　反動恐慌後1929年に至るまでのいわゆる慢性不況期に，佐吉は1927年の帰国後直ちに大所得者の地位に復帰し，佐助は引き続きその地位を維持し続けた。そして，この時期のなかば頃からは，三兄弟の次の世代を担う利三郎もこのグループの仲間入りを果たした。但し，平吉の所得は不安定で，この3人と比べるとその成果は劣ったが，それでも，1928年度には巨額の商工業所得を挙げたり，1925年度には貴族院議員選挙の「多額納税者」に列せられたりして，その存在感を示していた。

(5) 昭和恐慌後の景気回復・拡大期

　豊田佐吉は，1930年10月30日に64歳で波乱の人生に幕を閉じ，彼の遺産の多くは利三郎と喜一郎によって相続され，彼が占めていた豊田系企業のうち最も重要な企業である豊田紡織と豊田紡織廠の社長のポストは，豊田佐助と豊田利三郎によってそれぞれ引き継がれた。そして昭和恐慌期には，豊田系企業の業績の悪化を反映して，佐助と平吉の所得税額は，1930年度の3万5589円から32年度の6283円へ（佐助），1929年度の4768円から32年度の839円へ（平吉）とそれぞれ大きく減少した。しかし，1931年12月の金輸出再禁止と同年9月の満州事変を契機として景気が回復に転じ活況を呈するに伴って，特に佐助の所得税額は増加に転じ，35年度には3万194円，37年度には3万3142円を記録して，それまでのピークである30年度の3

万 5589 円に近い水準（30 年度比 93％）に迫っていた。しかし，何といってもこの景気上昇過程で目立ったのは，佐吉の後継者である利三郎と喜一郎の所得の増加で，利三郎の所得税額は，30 年度の 2 万 313 円から 32 年度の 1 万 4629 円へと減少した後，33 年度から増加に転じ，35 年度には 12 万 2919 円，37 年度には 8 万 1896 円を記録した。35 年度から 37 年度にかけてかなり減少したが，それでも 37 年度の税額は 30 年度比 4 倍という高水準であった。また，喜一郎の税額は，29 年度の 5043 円から 35 年度の 11 万 4896 円へとほぼ一貫して急増し，37 年度には 6 万 531 円に減じたが，それでもこれは 29 年度比 12 倍という高い水準であった。

　この時期，喜一郎の税額の増加が特に著しいが，これにはプラットブラザーズ社への自動織機特許の売却収入が大きく寄与していると思われる。プラット社への特許の売却については，和田一夫の優れた研究があり，それによると，以下の事実が明らかである。（由井・和田 2001, 227-228, 243 ページ，㈱豊田自動織機製作所 1967, 147 ページ）最初の契約では，特許権を 10 万ポンドで売却し，売却時に一時金として 2 万 5000 ポンドを支払い，残額 7 万 5000 ポンドはその後 3 年間で支払うことが合意され，1929（昭和 4）年 12 月 21 日に契約が交わされた。ところが，その後，プラット社から譲渡代金について減額の要求があり，それが提起された 1931 年 12 月の時点で，未払い分が 6 万 1500 ポンド残っていた。ということは，3 万 8500 ポンドはそれまでに支払い済みであり，当初の一時金 2 万 5000 ポンドとの差額 1 万 3500 ポンドが，その後に分割払いされたということになる。この減額交渉は，結局残額を当初契約より減額して 4 万 5000 ポンドとし，これを一時払いすることで合意され，この契約書に日本側は 1934 年 9 月 11 日に調印した。以上から，次のことが明らかである。

　1929 年 12 月 21 日以降，それほど日を置かない時点で，豊田喜一郎が 2 万 5000 ポンド（25 万円）を受け取った。

　上記の日から 1931 年 12 月までの間に，喜一郎が 1 万 3500 ポンド（13 万 5000 円）を受け取った。

　1934 年 9 月 11 日以降に，喜一郎が 4 万 5000 ポンド（67 万 5000 円）を受

け取った[3]）。

　これらの金額を喜一郎が実際にいつどのように受取ったか，そして，それをどのように税務申告したか，定かではないが，恐らく1929年末から34年9月頃にかけて合計して106万円を受取ったことは確かである。前掲表2-3で喜一郎の所得税額のこの頃の動きを見てみると，1930（昭和5）年度の5356円から31年度の3万4704円へと6.5倍に急増し，32年度の2万4680円を経て，34年度の7万4958円，35年度の11万4896円へと更に増加した。31，32年度の合計5万9384円に対して，34，35年度の合計は18万9854円で前者の3.2倍に及んでいた。そして，36，37年度と税額は5－6万円台に減少した。30年度から35年度にかけての増加，その後の減少という動きは，上述の特許売却代金の動きと完全に連動しており，31，32年度合計に対する34，35年度合計の大きさにもそれが認められる。

　ところで，この時期，表2-4に見られる佐助のランキングは，1929年度の6位から33年度の7位を経て，37年度の11位へという推移を示した。この時期にも佐助は，上位20位以内の地位を維持していたのである。一方，三兄弟の次の世代である利三郎と喜一郎のランキングの上昇は目ざましく，利三郎は，1929年度の19位から33年度の6位，37年度の3位へ，喜一郎は，1929年度の78位から33年度の2位へと大きく順位を上げ，喜一郎のランキングはその後37年度の6位へと若干下がったものの10位以内をキープしていた。利三郎と喜一郎はこの時期にそろって20位以内の大所得者層へ参入したばかりか，1933年度以降はそろって10位以内のトップグループのメンバーとなったのである。

　これに対して，佐助，利三郎，喜一郎と比べると，平吉の所得は低くかつ不安定で，彼のランキングは，1933年度，37年度には，101位以下に留まっていた。彼の主業である豊田押切紡織の事業がいぜんとして不振であったことがその主因であったと思われる。

　それにしても，平吉を除く豊田ファミリー3人の高所得は際立っており，これを浮きぼりにするために，1933年度と37年度の名古屋市における上位20位以内の大所得者を一覧できる表を作り，その中に3人を位置づけてみ

表2-12 所得税額で見た名古屋市の多額納税者トップ20（1933年度，37年度）

(円)

順位	1933年度 氏名	所得税	1937年度 氏名	所得税
1	伊藤次郎左衛門	119,635	伊藤 松之助	165,268
2	豊田 喜一郎	68,449	伊藤次郎左衛門	84,415
3	滝　　信四郎	56,320	豊田 利三郎	81,896
4	伊藤 松之助	54,970	荒川 長太郎	80,881
5	近藤 友右衛門	28,047	滝　　信四郎	79,058
6	豊田 利三郎	27,234	豊田 喜一郎	60,531
7	豊田 佐助	18,570	近藤 左右衛門	60,001
8	岡谷 惣助	16,065	後藤 幸三	52,817
9	春日井丈右衛門	14,752	広瀬 實光	47,189
10	藍川 清成	13,981	加藤 勝太郎	40,646
11	後藤 安太郎	13,815	豊田 佐助	33,142
12	岡田 徳右衛門	13,690	塚島 貞三郎	30,047
13	神野 金之助	12,508	江副 孫右衛門	29,312
14	加藤 勝太郎	12,298	三輪 常次郎	27,684
15	斎藤 恒三	12,092	神野 金之助	23,403
16	荒川 長太郎	11,517	兼松 熙	23,307
17	下出 民義	11,421	岡谷 惣助	23,355
18	青木 留次郎	10,601	青木 鎌太郎	22,331
19	安藤 菊次郎	10,351	藍川 清成	22,301
20	滝　　定助	10,070	岡田 徳右衛門	22,287

出典）『日本紳士録』第38版，42版より作成。

ると表2-12の通りである。

　本章の冒頭で触れた「中京財閥の新研究」は，伊藤，岡谷，豊田を名古屋を代表する財閥としながら，これらに比べると，そのスケール，活動に於て，一廻りも二廻りも格落ちの感がする」ものの，瀧，紅葉屋（神野富田の聯合）もこれに加えて，結局これら5つを「中京五名家」＝中京五大財閥として位置づけ，（松下1927，233ページ）最後に「財閥外の一大勢力」として，当時名古屋商工会議所の会頭であった「青木鎌太郎氏とそのブロック」に注目している。（松下1927，301-306ページ）この本は，これが出版された1927（昭和2）年当時の名古屋（中京）財界における資力や人の配置を分かり易く解説したものとして評価できる。本書の情報をもとに，表2-12に登場してくる人物と各財閥・グループとの関係をたどると，およそ次の通り

になる。

　伊藤財閥―――――――伊藤次郎左衛門，同　松之助
　岡谷財閥―――――――岡谷惣助
　豊田財閥―――――――豊田佐助，同　利三郎，同　喜一郎
　瀧　財閥―――――――瀧信四郎，瀧　定吉
　紅葉屋財閥―――――――神野金之助
　青木鎌太郎グループ――青木鎌太郎，藍川清成，加藤勝太郎

　このほか，この表には，大綿糸布商近藤友右衛門，伝統ある呉服商春日井丈右衛門，東洋紡績取締役の斎藤恒三，貴族院議員の下出民義，服部商店社長の三輪常次郎，豊田式織機社長の兼松凞，日本陶器社長の廣瀬實光，日本車両製造社長の後藤幸三等名古屋の著名な財界人も名を連ねていた。

　豊田佐助・利三郎・喜一郎という豊田ファミリーの3人は，1933, 37年度には，このように名古屋の著名財界人が集まる所得税額トップ20位以内の大所得者グループに仲間入りし，その中でも，1933（昭和8）年度には，喜一郎2位，利三郎6位，佐助7位と，このグループの中でも上位を占めていた。そして，この3人の所得税額の合計は，1933年度11万4253円，37年度17万5569円を数えて，伊藤財閥の2人（伊藤次郎左衛門と同松之助）の合計額，1933年度17万4605円，37年度24万9683円には及ばなかったものの，瀧財閥の2人（瀧信四郎と同定助）の合計額，1933年度6万6390円，37年度7万9058円や紅葉屋財閥神野金之助の，1933年度1万2508円，37年度2万3403円，岡谷財閥岡谷惣介の，1933年度1万6065円，37年度2万3355円を大きく凌駕していた。昭和恐慌後の景気回復・上昇過程で，豊田ファミリー3人の所得稼得力は，名古屋財界トップの伊藤家に次ぐレベルに達しており，まさにこのことが，1933年以降の喜一郎に主導された豊田家の自動車事業進出という決断の資本的背景となっていたのである。

4　むすび

　以上，所得税額を手がかりとして，われわれは，豊田佐吉を中心に，豊田

ファミリー5人（佐吉，平吉，佐助，利三郎，喜一郎）の所得の稼得状況を，日中戦争直前の時期まで追ってきた。この結果明らかになった事実を簡単にまとめるとおよそ以下の通りである。

　① 1901（明治34）年に井桁商会を辞め，武平町で織布業を始めた時点で，豊田佐吉は年300円の所得を得ていたが，これは当時の市内の「上等」の大工の手間賃の1.6倍の水準であった。

　② それから約10年後，彼が豊田式織機㈱を辞め，自動織布工場を立ち上げた前後の時点（したがって，この工場の好業績が未だ所得に反映されていない時点）で，彼は3000円の所得を得ており，これは，知多という日本有数の晒織物産地の「旦那衆」のそれとほぼ並ぶ水準に達していた。この時点で，彼は主観的には豊田式織機㈱を辞めていたが，同社社史の記述で見る限り，正式には同社常務取締役の地位に止まっており，1914年11月15日に大正天皇が陸軍の特別大演習を「統監」するために名古屋を訪れた際には，名古屋離宮で同社の常務取締役として天皇に拝謁していた。正式に常務取締役や取締役を辞めるまではそれらの地位に対応した報酬を同社から得ていたと見るべきであろう。

　③ 第一次世界大戦中・後のブーム期に佐吉の所得は急増し，1916年以降名古屋市（周辺部を含む）における大所得者（ランキング上位20位以内）グループに仲間入りし，1921年から1927年まで，居を上海に移したため，所得税額にもとづく高所得者のランキングから姿を消したが，1927年9月に日本へ帰国してからは再び大所得者に復帰し，1930年に逝去するまでその地位を保った。

　一方，佐吉の2人の弟，平吉と佐助は，明治の末期からそれぞれの本拠となる織布工場を構えて兄から相対的に自立しつつ兄の事業に協力し，同じく第一次世界大戦中・後のブーム期に事業を拡大して，佐助は1917年から，平吉は1919年から大所得者グループへの参入を果たした。

　④ そして，佐助は反動恐慌後も，1920年代，1930年代（日中戦争前の時期）を通して，基本的にはこの地位を保ち続けた。これに対して，反動恐慌後における平吉の所得の稼得状況は波乱に富み，1925年には貴族院議員選

挙有権者選出基準の「多額納税者」，1928 年には名古屋市トップの高所得者になりながらも，この時期全体を通しては，市内における上位 100 人の高所得者グループからはずれることが多かった。

⑤　佐吉の後継者である利三郎と喜一郎について見ると，利三郎は早くも 1923（大正 12）年頃から大所得者グループの一員となり，喜一郎はこれよりかなり遅れたものの，1933 年から同じくこのグループへの参入を果たした。そしてこの 2 人は，1933, 37 年には，その中でもトップグループ（2－6 位）に位置するようになっていた。

全体を通して銘記すべきは，豊田家の高所得の稼得について，第一次世界大戦中・後のブームの影響が決定的に重要であるということと，1918 年以降は中堅紡績会社としての豊田紡織㈱とその中国における分身としての㈱豊田紡織廠を中心としたグループ企業の活動がもたらした配当と役員報酬等がその源泉となっていたということである。そして，本章では未だ十分に展開できなかったが，豊田三兄弟の事業上の関係については，それぞれに自らの拠点となる事業を固めながら，グループ全体の発展のために協力していたと言う事実も注目されるべきであろう。

[注]
1）　本書は，まず 10 頁で，「名古屋には，財閥と称すべきものが伊藤，岡谷，瀧，紅葉屋（神野富田の聯合財閥），豊田と云う風に，先ず五つばかり挙げられる」と述べた上で，233 ページでは，「名古屋の財閥で伊藤，岡谷，豊田の三つを挙げたら，あとに残るのは瀧，紅葉屋（神野，富田の聯合）位のもので，この二財閥は前者と較べると，そのスケール，その活動に於いて，一廻りも二廻りも格落ちの感がする」として，伊藤，岡谷，豊田と瀧，紅葉屋を区別している。
2）　菊井紡織㈱の登記簿のコピーによると，佐吉は，1921 年 11 月 15 日に，名古屋市西区栄生町米田 1716 番地から支那上海霞飛路 5501 号へ，そして 1927 年 9 月 29 日には上海から名古屋市東区長塀町一丁目 14 番地へ住所を移している。（豊田紡織㈱蔵『戦前豊田（繊維）関係会社』ファイル）
3）　ここでのポンドと円との換算（外国為替相場）については，日本銀行調査局『明治以降本邦主要経済統計』（1966 年）320 ページのロンドン向けの年中平均相場を参照しつつ，概算で「1929 年 12 月 21 日以降」と「上記の日から 1931 年 12 月までの間」については 1 ポンド 10 円，「1934 年 9 月 11 日以降」は 1 ポンド 17 円と想定した。ちなみに，上記『統計』によると，ロンドン向外国為替平均相場の年中平均は，1930 年 2 シリング 0.342 ペンス，31 年 2 シリング 1.947 ペンス，34 年 1 シリング 2.069 ペンスだから，簡略化して，1930 年，31 年 1 円＝ 2 シリング，34 年 1 円＝ 1 シリング 2 ペンスとして計算した。

III

豊田自動織布(自働紡織)工場の急成長

　発明と営利の衝突から豊田式織機㈱の常務取締役兼技師長の座を捨てた豊田佐吉は，失意のうちに東京高等工業学校の紡織科を出た親戚の青年西川秋次を伴って外遊したが，三井物産関係者の紹介と案内に助けられてアメリカやイギリスの綿紡織工場や織機製造工場を見学しているうちに自らの技術に対する自信を取り戻し，半年余に及んだ外遊から帰国後直ちに「発明の足場」を築く準備に取り掛かり，1912（大正元）年9月に愛知郡中村大字栄字米田（後の名古屋市西区米田町）に約3000坪の敷地を買い入れて金巾を作る工場（豊田自動織布工場）を建設した。そして，この工場が間もなく始まった第一次大戦による綿業界のブームに恵まれて急成長したので，1918年1月29日にこれを法人化して資本金500万円の豊田紡織㈱を設立した。この自動織布工場がわずか6年の間に急成長し，これに並行して，前項で述べたように豊田3兄弟の所得が急成長したことは明らかであるが，その経営や操業の実態については，豊田関係の「社史」や「伝記」以外によるべき資料が欠けているために，詳細が不明である。そのような状況の中で，由井常彦は，三井文庫の資料や「機械学会誌」第19巻第45号に掲載された豊田自働紡織工場の「巡覧工場案内」によりながら，この工場の操業の実態を明らかにしつつ，重要と思われる個々の事実について経営史的評価を加えるという注目すべき作業を行っている。

　そこで本章では，以下，既存のプリンテッドマターを，豊田自動織布（自働紡織）工場[1]の急成長の過程をできるだけ詳しく記述するという観点から利用し直しつつ由井説を吟味することによって，われわれなりの豊田自動

織布（自働紡織）工場史を展開することとする。

　上記「機械学会誌」に掲載されている「工場案内」によると，この工場は，「豊田式自動織機の完全なる試験をなし其の改良をなさんが為めに大正元年9月」豊田佐吉が個人で設立し，力織機192台を据附け，主として金巾を製織したという。但し，この創業期における工場の操業の過程には曲折があり，豊田紡織㈱の「社史」によると，当初の計画は200台だったが，資金が十分になかったので，まず半分の100台からスタートすることとし，しかもこのうち8台を試験用に充て，92台を営業用に運転して稼いだ利益で試験研究費を賄うことにしたという。そして，この年の10月には，佐吉がかねて豊田式織機㈱との間に結んでいた「会社の利益金より株主に一割を配当し，残額の三分の一を報酬として受ける」という特許権譲渡契約を一時金で受け取るように変更することを会社側に申し入れたところ，会社側がこれを了承し，谷口房蔵社長から8万円という金額の提示があり，佐吉がこれに同意したので，翌1913（大正2）年の1月にこの修正契約が履行されて，佐吉は8万円の現金を手に入れることができ，この金で少額の負債を返済するとともに，当初の計画に従って織機100台を増設することができた。こうして，当初の営業用の92台にこの100台を加えて合計192台の織機が運転されることになったのである。（岡本1953, 17, 18ページ）

　創業当初の豊田自動織布工場の操業実態については，「愛知県統計書」の明治45年版と大正2年版の工場名簿に次のような記録が残されている。

明治45年版　生産高　金巾　　7200反　　4万6800円
　　　　　　職工数　男13人　女54人　合計67人
大正2年版　　生産高　鳴印　　2万9500反　19万1750円
　　　　　　　　　　赤鳴印　2万7500反　13万7500円
　　　　　　　　　　綾木綿　　80反　　　　352円
　　　　　　　　　　合計　　　　　　　32万9552円
　　　　　　職工数　男28人　女179人　合計207人

　「愛知県統計書」の大正3年以降の版には工場名簿が記載されていないので，豊田自動織布工場の実態をこの資料から追うことはできないが，上記

「機械学会誌」の「工場案内」によると，同工場は，1914（大正 3）年 12 月に紡績業に進出して紡機 6368 錘を据え付け，さらに 1916 年 3 月には紡機 8432 錘を増設して，同年 4 月 1 日現在で紡機 1 万 4800 錘，織機 232 台を備えていた。そして，この学会が工場を見学した 1916 年 4 月 1 日現在におけるこの工場の実態はおよそ次の通りであった。

　敷地及び建物　敷地 1 万 4000 坪　建物 6700 坪
　製品の種類　綿糸中番手　金巾類
　生産額及び販路　綿布 184 万 6000 円　内地，支那，印度方面
　経営者，技術者，その他職員　豊田佐吉，西川秋次外工務員 8 名，事務員 8 名
　職工数　女工 684 名　男工 159 名
　原動機，主なる機械（種類及び数）300KW 発電機及びユニフローエンジン 1 台増設に属し，720KW 名古屋電燈会社より買う　紡機 1 万 4800 錘　織機 232 台
　ほかに増設分紡機 1 万 5000 錘　織機 776 台
　発明の事項　豊田式自動織機の能率試験中　環状単流原動機を発明し目下試験中

　創業 2 年目の年末である 1913 年末にはまだ職工数 207 人，年生産額 33 万円程度の工場に止まっていた自動織布工場が，それから 2 年 3 カ月しか経っていない 1916 年 4 月 1 日には，日本の機械工学の専門家の集団である機械工学会が大会開催時に行う工場見学の対象工場に選ばれるまでに成長した。この間におけるこの工場の規模拡大の経過をいくつかの指標でたどるとおよそ次の通りである。職工数 207 人から 843 人（4.1 倍）へ，紡績錘数 0 から 1 万 4800 錘へ，織機台数 192 台から 232 台（1.2 倍）へ，生産額 1913 年の 32 万 9552 円から同 1916 年の 184 万 6000 円（5.6 倍，但し 4 月 1 日現在の予想）へ。設備台数について，織機 1 台当たり紡錘 15 錘に換算して，換算錘数で紡績織布合計の設備規模の増加をみると，2880 錘から 1 万 8280 錘へと 6.4 倍への増加であった。いずれにしても，2－3 年（職工数と設備台数は

表 3-1 愛知県大紡織工場の職工数と原動力装備率（1916年末，1917年末）

工場名	創立年月	職工数（人） 1916年末	職工数（人） 1917年末	原動力装備率(馬力) 1916年末	原動力装備率(馬力) 1917年末
東洋紡績知多工場	1914年 6月	3,312	3,487	1.19	1.28
同　愛知工場	1914年 6月	1,365	1,279	0.84	0.71
同　名古屋工場	1914年 6月	1,315	1,211	0.83	0.86
同　尾張工場	1914年 6月	1,124	1,118	0.77	0.87
同　津島工場	1914年 6月	778	762	0.58	0.62
尼崎紡績一宮分工場	1896年11月	1,527	1,504	0.68	0.69
近藤紡績工場	1914年 4月	1,126	2,576	0.46	0.49
服部商店紡績工場	1917年 4月	－	1,291	－	0.2
豊田自働紡織工場	1912年 9月	1,571	2,718	0.69	0.74

注）原動力装備率＝原動力馬力数合計÷職工数。
出典）農商務省「工場通覧」大正7（1918），8（1919）年版より作成。

2年3カ月，生産額は3年）の間に工場の規模が4－6倍余に急拡大したことは確かである。そして，この工場見学が行われた時から9カ月後の1916（大正5）年末には，この工場の職工数は1571人へとさらに増加しており（表3-1），東洋紡の愛知県内5工場の平均1579人，尼崎紡一宮工場の1527人とほとんど肩を並べていた。そればかりか，原動力装備率（職工1人当たりの原動機馬力数）でも，自働紡織工場の0.69馬力は，東洋紡の県内5工場の平均0.84馬力，尼崎紡一宮工場の0.68馬力に迫るかもしくは肩を並べていた（表3-1）。この時期に既に，自働紡織工場の規模は6大紡系の大工場とほぼ同じ程度にまで拡大し，その機械化の程度もほぼ同じレベルに到達していたのである。

そして，この規模拡大はその後も続き，紡錘数，織機台数，換算錘数合計，原動機馬力数は，1916年3月末から1917年末もしくは自働紡織工場が法人化した1918年1月29日にかけて表3-2に示されるように急増した。1916年3月末からの増加倍率を見ると，職工数3.2倍，紡錘数2.3倍，織機台数4.3倍，換算錘数合計2.7倍，原動機馬力数1.9倍（1916年末比）であり，職工数も，1916年3月末の843人（上述）から，1917年末の2718人

表 3-2　豊田自働紡織工場の規模拡大 (1916 年 3 月末－ 1918 年 1 月 29 日)

年月日	設備規模 紡機錘数	設備規模 織機台数	設備規模 換算錘数計	原動力馬力数
1916 年 3 月末	14,800	232	18,280	－
12 月末	－	－	－	1,077
1917 年 12 月末	－	－	－	2,022
1918 年 1 月 29 日	34,000	1,000	49,000	－

注) 換算錘数は，織機 1 台＝紡機 15 錘として換算。
出典) 1916 年 3 月末は，機械学会「機械学会誌」19 巻 45 号 (1916 年 10 月)，1916 年 12 月末，1917 年 12 月末は，農商務省「工場通覧」V (309 ページ)，VI (182 ページ)，1918 年 1 月 29 日は，岡本「豊田紡織株式会社史」21 ページによる。

(表 3-1) へと 3.2 倍に増加した。1 年 9 カ月か 10 カ月という短い期間 (原動機馬力数は 1 年) にしては高い倍率である。また，1917 (大正 6) 年末における綿紡織関係の県内有力工場の職工数と原動力装備率を示した表 3-1 によると，豊田自働紡織工場の職工数 2718 人は，東洋紡 5 工場の平均 1571 人，尼崎紡績一宮工場の 1504 人，近藤紡績工場の 2576 人，服部商店紡績工場の 1291 人，のいずれをも上回っていた。さらに原動力装備率をみると，自働紡織工場の 0.74 馬力は，東洋紡 5 工場の平均 0.87 馬力には少し及ばなかったものの，尼崎紡一宮工場の 0.69 馬力を上回り，近藤紡工場の 0.49 馬力，服部商店紡績工場の 0.20 馬力に大きな差をつけていた。この時期には，豊田自働紡織工場は，規模的に東洋紡知多工場に次ぐ大工場に成長し，機械化の程度でも 3 大紡系の工場とほぼ肩を並べ，近藤紡や服部商店という地元の有力紡績会社に大きな差をつける域に達していたのである[2]。

　以上見てきたところから明らかなように，豊田自動織布 (自働紡織) 工場は，1912 年 9 月に営業運転用の織機わずか 92 台，職工数 67 人 (年末現在) でスタートしたが，それから 5 年 4 カ月後の 1917 年末には，3 大紡の一角を占める東洋紡の県内工場に匹敵する規模と内容を備えた工場に急成長した。そこで問題は，この急成長をもたらした要因は何であったかということであるが，いうまでもなく折からの第一次大戦による綿業界のブームに恵まれたことが大きかった。表 3-3 に示されているように，大戦勃発直後は，

III 豊田自動織布（自働紡織）工場の急成長

表 3-3 紡績連合会加盟会社の利益率の推移（1911年上期－1920年下期）（円，％）

決算期	払込資本金	純利益	利益率
1911年上期	87,188	3,887	8.9
下	88,988	3,891	8.8
1912年上期	85,988	5,699	13.3
下	92,659	8,935	19.3
1913年上期	100,759	9,634	19.1
下	110,359	9,491	17.2
1914年上期	112,359	8,634	15.4
下	107,099	5,560	10.4
1915年上期	83,753	8,047	19.2
下	83,784	9,566	22.8
1916年上期	83,956	13,249	31.6
下	96,769	22,636	46.8
1917年上期	106,209	34,449	64.9
下	111,596	41,316	74.1
1918年上期	124,355	45,196	72.7
下	135,595	53,818	79.4
1919年上期	142,758	55,571	77.9
下	162,359	73,048	90.0
1920年上期	246,080	102,485	83.3
下	273,236	39,119	28.6

注）利益率＝純利益÷払込資本金×2
出典）大日本紡績連合会「綿糸紡績事情参考書」各期版。

ショックから景況はむしろ悪化し，日本紡績連合会加盟会社（合計）の払込資本金利益率は1914（大正3）年上期の15.4％から同年下期の10.4％へと大きく下がったが，1915年上期以降急上昇して1917年下期には74.1％となり，1918年上期はやや下がったもののなお72.7％を記録していた。大戦前で景気が良かった時期の1912年下期や1913年上期の19％台と比べても1915年上期以降の利益率の上昇がいかに急速であり，そのレヴェルがいかに高かったかが明らかである。しかし，この外的要因は他の会社にも同じよ

うに作用したものであるから，これだけで自動織布工場の急成長を十分に説明することはできない。由井常彦はこの点を考慮し，この工場の急成長について，次の4つの要因を挙げている。われわれも結論的にはそれに賛成するが，その説明の仕方には実証の面で必ずしも首肯できない点があるので，今後の研究の進展のためにそれを指摘しておくこととする。

まず第一の要因として，製造販売体制と経営管理が著しく強化されたこととマネジメントが改善されたことが挙げられる。このうち，全く同感できる後者について，由井は次のように述べている。「児玉一造の弟の利三郎を，1915（大正4）年10月に長女愛子の婿養子に迎えたことが大きい。利三郎は（神戸高商卒，東京高商専門部学習，伊藤忠合名会社に勤務），商社経験をもち，32歳の働き盛りであり，結婚ただちに豊田紡織の経営に参加した。豊田利三郎が，営業ばかりでなくマネジメントに大いに意を用い，能力を発揮したことは明らかといえる。」（「三井文庫論叢」第36号，166ページ）つけ加えれば，利三郎は，結婚するまで，伊藤忠マニラ支店に勤務しており，この経験は，豊田製品の東南アジア方面の市場開拓に大いに貢献していたと考えられる。しかし，マネジメントの改善の具体例として，事務職員が8名存在していることを指摘し，それをもってこの工場が本格的な近代的工場であるとする論理の運びは説得力を欠き，また同じ例として，「『第4表』（由井稿で提示されている表）についてみると，この時期における設備能力の拡大にたいし，とくに第三次の拡大にさいし従業員数の増加は抑制され，労働生産性の向上が計られていることが重視さるべき」（同上，166ページ）であると述べているところがあるが，この表で栄生工場の職工数は，1916年12月の1571人から1918年1月の2698人へと大幅にふえており，ここから「従業員数の増加は抑制され」ていることを読みとることはできない。もっとも，この表でも1918年1月から1919年1月にかけては従業員数が15％ほど減少しているが，これは豊田紡織時代のことで，自動織布（自働紡織）工場時代のことではない。一方，「製造販売体制と経営管理体制」の強化のうち，製造販売体制の強化については，次のように述べている。「紡糸生産の拡大とともに，弟の平吉と佐助担当の押切・菊井の二工場を含めて，市況

に応じた織布の製造につとめた。第4表についてみても，この時期において製品の種類が増加・変化しており，経営が市場・販路の変動に応じて，迅速に対応している。」「この面で三井物産の綿花部すなわち児玉一造からの直接的情報が，この上なく有用であったことはいうまでもない。事実，ここで立ち入った検討・分析を省くが，毎年の三井物産支店長会議録の報告にみえる綿花部および東洋各海外支店の好調な製品の動向と，豊田紡織工場の主要製品の推移とには相関関係が見出される。豊田紡織工場が市況にたいし機敏・弾力的に運営されたことがまず注目される。」（同上，165-166ページ）ここでは，佐吉の自働紡織工場と平吉，佐助のそれぞれの工場が一体的に運用されていたように前提されているが，これについてそれを証明する資料はあるのだろうか。私は，佐吉が自働織布工場を始め，平吉，佐助がそれぞれ自前の工場を持つようになった時点で，3兄弟はそれぞれ相対的に独自の道を歩み始めたと想定した方が良いのではないかと考えている[3]だけに，もし由井氏がそのように考えられるのであれば，その根拠を知りたいと思う。それよりも，ここで問題にしたいのは，製品の種類が増加・変化していることから，経営が市場・販路の変動に迅速に対応していると説く，その論法である。「第4表」に出てくる製品は，金巾，綾木綿，天竺，白木綿，寒冷紗，綿織物であるが，綿織物は綿糸を原料とする織物の総称であり，これを別にすると，平織りの生地綿布と綾織の綿布の2種類に大別され，市況等の変動に応じて製品の種類を機敏に変化させるという程の高度な販売戦略がとられたとは思えない。，第一次大戦ブームという売り手市場の状況の下で，自働紡織工場は，利三郎の存在と児玉一造を介した三井物産綿花部との強い結びつきによって製品をより有利に販売できたであろうと言えばすむことで，ここに機敏な販売戦略とか経営管理の強化を実証抜きに持ち出す必要はない。

　第二に技術について，「動力設備に工夫が払われ，電動力が先駆的に活用されていたことが重要である。」「当初は汽力が用いられていたが（第4表参照），その後「三百キロワット発電機及ユニフロー・エンジン」が設置されている（ボイラーは当時新式のバブコック式）。ユニフローエンジン（スイス・ズルチェル社製）は，三井物産が紹介し，東洋紡績の三軒家工場で導入

されているが，同じ時期のことで，電力の普及と電動力の将来を十分に予想したものであった。そしてその後は，機械設備の拡大にともない，名古屋電燈からの買電を増大し，所要電力の経済的増大をはかっている。それがマネジメントの改善・近代化とともに，製品コストの低下に寄与したであろうことはいうまでもない。」(同上, 166 ページ) この記述について特に異論はないが，既に述べたように，原動力装備率を利用すると，自動織布工場の原動力利用における進歩性が一層明確にされたのではないかと思われる。

　その上で，第三点として「設備拡大に伴う紡績機械の入手および原料綿花の購入において，豊田紡織工場は，明らかに同業他社と比較して有利であった。」「三井物産とくに綿花部長の児玉一造の存在が有利に働いたことであろう。」ことを指摘し，さらに第四点として「急速な設備と操業の拡大において，……資金調達はきわめて切実な問題であった。この側面においても三井物産（そして三井銀行）の役割が大きかったことであろう。……日本勧業銀行からの借入の継続のほか，投資額の大半を占める紡機の輸入代金について，紡績進出と第一次投資のときと同様に，大幅な年賦支払などの措置が講ぜられたことは容易に想像される。三井物産による資金援助の役割は否定できないところである。」(同上, 167, 168 ページ) 旨述べている。いずれも推定であるが，藤野亀之助や児玉一造という三井物産の中堅幹部との強い結びつきからすれば，容易に推定できることであり，この点については全く同感である。但し，豊田紡織創立時における藤野亀之助個人の多額（100 万円に近い）の出資について，「藤野個人のこうした多額の出資は現実には考えがたいところであり，……藤野の名義による三井物産からの間接的な出資の可能性は否定できない。」(同上, 第 36 号, 172 ページ) と述べているが，次項で明らかにするように，亀之助の死後も，彼の未亡人や長男が長い間，紡織会社の大株主であり続け，監査役の地位に留まっていた事実から見て，この出資は，亀之助が自ら調達した資金によって行われたと考えた方が良さそうである。

　以上みてきたところから，豊田自動織布（自働紡織）工場の急成長要因について結論的に次のようにいうことができよう。

先ず強調すべきは，第一次大戦による綿業界の活況という絶好の外的環境に恵まれたということである。先に触れた表 3-3 に示されているように，日本紡績連合会加盟会社（平均）の利益率は，1915（大正 4）年の上期（19.2％）から上昇に転じ，1917 年下期には 74.1％，1918 年上期には 72.7％という高い水準を記録していた。そして，ここで注目すべきは，豊田自働紡織工場が，1916 年 3 月に紡機 8432 錘を据え付け（それまでは紡機 6368 錘），同年 4 月からさらに紡機 1 万 5000 錘，織機 776 台（それまでは 232 台）を設置する「第三拡張」に入っていたという事実である。この時期は 1916 年上期であり，この期の利益率は 31.6％，その次の期（1916 年下期）の率は 46.8％と，利益率がそれまでのテンポを大きく上回って上昇し始めた時であった。まさにグッドタイミングでの大拡張であったといえる。この経営判断の良さが，絶好の外的環境をフルに活用することを可能にしたことを見落としてはならない。このあたりにも，児玉一造等三井物産関係者からの情報が利いていた可能性がある。

　第二に，由井が指摘するマネジメントの強化が重要である。但し，これについては，由井のように，事務員が 8 人配置されていることから本格的な近代的工場が成立したかのように考えるのではなくて，彼も同時に指摘しているように経営職能を有する人材が経営陣に存在していたことの方を重視すべきである。豊田利三郎については繰り返す必要はないであろうが，彼とともに，私は西川秋次の存在をつけ加えておきたい。前に触れた「巡覧工場案内」の「経営者技術者其他職員」の項に佐吉と並んで西川秋次の名前が挙げられており，これは当時この工場の中で，西川がいわばナンバーツーの地位にあったことを物語っているといえる。西川は，佐吉の妻の遠縁にあたる青年で，東京高等工業学校の紡織科を出た後佐吉の許にきて，佐吉の外遊にいわば秘書として同行し，佐吉とともにアメリカ東海岸の工場を視察し，佐吉がヨーロッパに渡った後，アメリカに残って「滞在すること一年有半，豊田自動織機の特許の認可を待ちながら，米国における紡織事業や，紡織機製造状況，技術員の養成，指導，経営，労務管理，厚生施設の研究に余念がなかった」（西川 1964，17 ページ）という。この過程で，彼は近代的工場の経

営者・管理者としての能力を身につけて行ったと考えられる。

　第三に，由井が指摘する児玉や藤野を介した三井物産や三井銀行との緊密な結びつきも重要である。紡織機や原料綿花の買い付け，製品である綿布の販売，資金の調達において，豊田自働紡織工場が同業他社よりも有利な立場にあったことは確かであろう。但し，このことを証明する具体的資料は未だ見出されていない。

[注]
1）　豊田自動織布工場は，1914年2月に，豊田自働紡織工場に改称した。（豊田紡織株式会社『豊田紡織45年史』1996, 412ページ）
2）　第一次大戦中における豊田自動織布（自働紡織）工場及び佐吉の2人の弟，平吉，佐助の工場の盛況ぶりについては，名古屋商業会議所「名古屋商工案内」第6版（1917年刊）も，名古屋市産出の輸出向け広幅綿布の生産額の1916（大正5）年における激増を紹介する中で次のように述べている。「本市に於て輸出向け広幅綿布の製織を開始せしは，明治二十七年三重紡績株式会社の輸入防遏輸出奨励の目的を以て，愛知分工場内に綿布製織工場（現今六百台）を設置せしに起因し，三十八年には，名古屋織布株式会社（二百台）起り，専ら満洲，台湾向綿布を製織せしが，目下豊田佐助氏工場に合併せられたるを初め，従来個人経営たりし服部商店は大正元年十一月株式組織とし，織布工場を南区熱田桜田（四百台）に設け，専ら支那方面に輸出せるが，同六年五月には熱田東町東起に新工場（六百台）を設けて発展を試み，続いて豊田自働紡織工場（一千台）豊田佐助氏工場（四百台），豊田平吉氏工場（二百台）近藤繁八氏工場（五百台）等起り，斯界は　近来非常なる隆盛を示し，尚前途益々好望を有す，而して製品は天竺，金巾，粗布，綾木綿，生木綿，ガーゼ生地，綿ネル生地，寧波布，ポプリン，紋織等にして，販路は朝鮮，満洲，南支那，台湾，南洋，印度等輸出を主とし，尚ほ内地は京阪を初め殆ど全国に普及せり，欧州開戦後は支那，南洋及び印度等に於て新市場を開拓したると，内地好景気に因る需要増加並に価格高騰に因りて生産価格は著しく増加し，大正四年は百二十九万円にて大差なきも，同五年には一層四百十四万円に上り，前年と秘すれば実に三倍強の激増を示せり，」（94ページ，社名の後の各社工場の住所や三重紡についての大阪紡との合併，東洋紡への社名改称等の注記は省略した）。この記述によると，1916年現在の各工場の織機台数は以下の通りであった。

　　　東洋紡愛知分工場　　　600台
　　　服部商店桜田工場　　　400
　　　　同　　熱田工場　　　600
　　　豊田自働紡織工場　　　1000
　　　豊田佐助工場　　　　　600　　（名古屋織布株式会社合併分を含む）
　　　豊田平吉工場　　　　　200
　　　近藤繁八工場　　　　　500

　豊田自働紡織工場の規模は1000台と服部商店の2工場の合計と等しく，東洋紡愛知分工場の600台，近藤工場の600台を上回り，佐吉の三弟佐助の工場も600台で，東洋紡愛知分工場と同規模であった。なお，名古屋市の綿布生産額は，1912年121万8000円，1913年117万5000円，1914年138万5000円，1915年139万5000円，1916年414万6000円という推移を示し，1916年に一挙に3倍強に増加していたから，工場規模も1916年に一挙に拡大したと考えられ

3） 豊田佐吉が豊田自動織布工場を設立して再起を期していた頃，次男の平吉は自らの織布工場に拠って独自の道を歩みつつあったが，その平吉について名古屋の有力綿布問屋であった㈱服部商店の後身である興和紡績㈱の社史「興和百年史」が次のように興味ある事実を紹介している。「服部商店初の生産工場は，大正元年‥‥操業を開始した『服部サイジング工場』である。‥‥この工場は，従業員五〇名，糊付機三台とその付帯設備を持ち，主に三重紡績（後の東洋紡績）で紡出された糸の糊付を行なった。工場長は，豊田佐吉の次弟で，自らも織布工場を営む豊田平吉に依頼した。」しかし，この工場は，「名古屋米穀取引所がこの地一帯を新社屋建設予定地として買収したのを契機に，大正三年五月閉鎖された。‥‥サイジング工場閉鎖に伴い，その設備を移設，同時に織機も導入し，当社初の織布工場となったのが，『桜田工場』である。設立は大正三年三月」で，「当初の設備は，糊付機四台，織機三〇八台であった。平吉は，サイジング工場に引き続きこの工場の工場長となったが，工場の運営について，糊付部長，織布部長と共に『同工場を別会社として自分達に経営させてほしい旨』店主の服部兼三郎に願い出た。ところが，これに対して服部商店の筆頭番頭であった三輪常次郎以下の幹部店員が強硬に反対したため，結局この願いは受け入れられなかった。」(興和紡績株式会社『興和百年史』1994年，22-24ページ）この件の後，平吉と服部商店の関係がどのように推移したか，全く不明であるが，佐吉の自動織布工場がスタートして1-2年という大切な時期に平吉が服部商店の織布業への進出の先兵たる役割を果たそうとしていたことは明らかであり，このことからも，豊田自動織布工場の設立以降は，佐吉と平吉は織布業者としてそれぞれ独自の道を歩み始めていたと考えられるのである。

Ⅳ
豊田紡織株式会社の経営史

1　はじめに

　自動車事業の国産化が，日本の経営史研究における重要テーマであり，それを担った大企業がトヨタと日産であることについては改めて指摘するまでもないが，この2つのケースのうちのひとつである豊田家の自動車事業への進出では，豊田喜一郎の自動車事業の国産化にかける強い思いと，昭和初期には中京5大財閥のひとつに数えられるようになった豊田家の豊かな資力がそれを実現させる重要な条件となっていた。そして，この2つの条件のうちの前者については，和田一夫が，国際的視野のもとに豊田喜一郎の企業者活動の全体像を本格的に解明しつつある（和田 2009）。これに対して後者については，その富を稼ぎ出したと思われる豊田家の綿紡織事業の経営実態が未だ十分に明らかにされているとは言えない。豊田家綿紡織事業の中核であった豊田紡織株式会社の前身である豊田自動織布工場（豊田自働紡織工場）については，三井文庫の所蔵資料を駆使した由井常彦の優れた研究があるが（由井 2002），資料の限界もあってか，その筆は，豊田紡織株式会社については，第4期（1920（大正9）年3月期）までで止まっており，同社の経営の全体像は未だ未解明のままに残されている。そこで本章は，豊田家の綿紡織事業の歴史において最も重要な位置を占める豊田紡織株式会社の展開過程を全体として実証的に解明することによって豊田家の高所得形成のメカニズムについて新たな知見を提示することを課題としている。

2 豊田紡織㈱の事業展開

(1) 豊田紡織㈱創立時の大株主・経営陣

　豊田佐吉は，1912年9月に設立した豊田自動織布工場が急成長したので，1918年1月29日にこれ（1914年2月，豊田自働紡織工場と改称）を法人化して資本金500万円の豊田紡織株式会社を設立した。

　同社創立時の株主数は25人で，その株主構成について，同社の正史「豊田紡織株式会社史」（岡本 1953）は，「一般外来資本を混へず，豊田氏一族，親友の藤野亀之助氏，新に縁続きとなった児玉一造氏の参加を得，全く水入らずの一族一統で株式会社を組織し，」と述べている。（21ページ）主要株主の持株の構成比をやや立ち入ってみてみると，豊田佐吉と利三郎，喜一郎の佐吉家の3人で合計58.5％，藤野亀之助と妻つゆの2人で合計29.5％，児玉一造と妻米子，弟桂三の3人で合計9.7％を占め，これら三者の合計が97.7％に達していた。所有の面でみると，豊田紡織という会社は，豊田佐吉と彼の事業を個人的に支援してきた元三井物産の幹部社員，藤野亀之助，児玉一造の共同事業会社的色彩を色濃く帯びていた。そしてさらに注目すべきは，佐吉の2人の弟，平吉と佐助の持ち株率が合わせてわずか0.5％でしかなかったことである。これは，3人の兄弟の関係が，明治期における長兄佐吉の事業に一体として取り組んでそれを助けるというものから，それぞれが自分の拠点となる事業を確立した上で必要に応じて協力するというものへと変化しつつあったことを示している。

　一方会社創立時の役員をみると，社長豊田佐吉，常務取締役豊田利三郎，取締役藤野亀之助，監査役児玉一造という構成で，1919（大正8）年10月これに監査役として児玉一造の義弟園田忠雄が加わった。（岡本 1953, 25, 43ページ）上記の株式所有関係を反映して，豊田佐吉家と藤野亀之助，児玉一造との共同事業にふさわしい役員構成となっていた。そしてそれから間もなく藤野亀之助が1920年1月7日に亡くなったが，これを受けて同年4月25日には，児玉一造が取締役，亀之助の妻の藤野つゆが監査役にそれぞ

れ就任した。(岡本 1953, 43 ページ) 三者の共同事業的役員構成は引き続き維持され，この過程を通じて，佐吉の2人の弟がこの会社のマネジメントに関与することはなかった。そして，1921年4月に，佐吉の長男喜一郎が東京帝国大学工学部を卒業して入社し，それから2年後の1923年4月21日に監査役に加わった。(岡本 1953, 43 ページ)

(2) 会社の成長と紡績業界における地位

発足後の豊田紡織㈱は，第一次大戦期の好況と1919年の戦後ブームという幸運に恵まれる一方，1920年の戦後恐慌，1930-31年の昭和恐慌という試練にさらされたが，この過程で第一次大戦中・後のブーム期に稼いだ超過利潤を内部に留保しつつ，その後の試練の時代に的確な経営戦略を展開することによってほぼ順調に成長の道を歩むことができた。そして1932年以降，1931年の「満州事変」と金輸出再禁止を契機とする軍需や輸出の急増に助けられてその成長テンポを更に高めることができた。また1921年以降中国に進出して在華紡の一翼を担い，銀価の激しい変動や，頻発する日貨排斥の動きに耐えてその経営を成長させることにも成功した。

設立時から日中戦争勃発直前の時期である1937年3月期にかけての豊田紡織㈱の成長の跡を，資産額（未払込資本金を除く）と設備規模について見てみるとおよそ次の通りである。まず資産額は，1918年9月末の662万1000円から1937年3月末の2664万5000円へと4.0倍に増加した（同社「営業報告書」1918年下期, 1937年上期）。豊田紡織は1921（大正10）年11月1日に上海に進出し，子会社として㈱豊田紡織廠を設立したので，この会社の資産額を豊田紡織のそれに加えると，1937年上期末（豊田紡織は3月末，㈱豊田紡織廠は4月末）における2社の合計資産額（未払込資本金を除く）は，2664万6000円＋3059万4000円＝5724万円となるから，増加倍率は8.6倍となる。(㈱豊田紡織廠の資産額は，同社「営業報告書」1937年上期による)。㈱豊田紡織廠の資産額は両建であるから，ここでは両建ての金額を1937年4月平均の上海為替相場で円に換算した金額を同社の円建ての資産額として採用した（上海為替相場は，大蔵省「金融事項参考書」

1937年調による）。

　次に設備規模についてみると，会社設立後 11 カ月経った 1918 年 12 月末時点で，豊田紡織は紡績錘数 2 万 9600 錘，織機台数 1008 台の設備を擁していた。（大日本紡績聯合会 1918 年下期，6 ページ）織機台数 1 台を紡錘数 15 錘として換算した合計の錘数は 4 万 4720 錘となる。これが，1937 年 6 月末時点では，紡錘数は 18 万 3788 錘と 6.2 倍，織機台数は 4572 台と 4.5 倍，換算錘数合計は 25 万 2368 錘と 5.6 倍になった（大日本紡績聯合会 1937 年上期，14 ページ）。同社の内地における設備規模は 19 年の間に全体として 5.6 倍に増加したのである。そして，同社の設備の拡大はこれに止まらなかった。前にも示唆したように，同社は，創立後まもなく中国に進出して在華紡の有力なメンバーとなり，1937 年現在では上海，青島に紡織工場を構えていた。1937 年 6 月末現在では，子会社である㈱豊田紡織廠の設備が，紡錘数 13 万 8148 錘，撚糸錘数 8400 錘，織機台数 1928 台であった。（大日本紡績聯合会 1937 年上期，103-104 ページ）この換算錘数合計は 16 万 9868 錘で豊田紡織㈱（内地工場）の合計錘数の 67％に及んでいた。内地工場と在華工場を合計すると，換算合計錘数は 42 万 2236 錘となり，1918 年 12 月末現在における豊田紡織の設備合計の 9.4 倍に及ぶ。20 年弱の間に豊田紡織の設備は子会社㈱豊田紡織廠の分も含めると 10 倍近い倍率で拡大したのである。

　次に日本の紡績会社（大日本紡績聯合会加盟会社）における豊田紡織の地位をみるために，まず 1918（大正 7）年 12 月末における上記の換算錘数合計でみた同社のランキングを調べると 15 位であった。但し，織機台数でみたランキングは 9 位とかなり高かった。（大日本紡績聯合会 1918 年上期，1-8 ページ）豊田紡織は，兼営織布会社としては，いわゆる 7 大紡中の 5 大紡績会社に次ぐ地位をこの時期に既に占めていたことが注目される。ここで豊田紡織㈱より上位に位置していた 7 大紡中の会社は，鐘淵紡績（1），東洋紡績（2），大日本紡績（3），富士瓦斯紡績（5），大阪合同紡績（7）（カッコ内は順位）の 5 社で，7 大紡のうち倉敷紡績，日清紡績の 2 社は，この時期には未だ織布業に進出していないか，進出していてもその規模が限られていた。これら 5 社以外では，内外綿が 4 位，天満織物が 6 位，福島紡績が 8 位

に位置して豊田紡織㈱より上位にいたが，内外綿は，明治期末から中国進出を積極化した在華紡トップの有力企業であり，天満織物と福島紡績は7大紡に次ぐ中堅紡績中の有力企業であった。しかし，紡織設備全体の規模でみると，この時期における豊田紡織の地位は，数多い中規模紡績会社のひとつという程度のものにとどまっていた。

しかし，それから約20年後の1937年6月末における豊田紡織の地位は大きく上昇した。もっとも，内地における同社の地位の上昇は，織機台数でのランキングこそ1918年12月末の9位から6位へとかなり大幅だったが，設備全体（換算錘数合計）としては，15位から14位へという小幅なものにとどまっていた。（大日本紡績聯合会1937年上期，1-20ページ）ところがこの間に，同社は中国に積極的に進出して，在華紡の有力な担い手となっていた。1937年6月末における在華紡各社の設備を上海，青島，満州その他を一括してみてみると，豊田紡織廠の設備が，織機台数で7位，設備合計（換算錘数合計）で8位に位置していた。（大日本紡績聯合会1937年上期，101-104ページ）紡織廠より上位に位置していたのは，織機台数では上海製造絹糸（鐘淵紡績），内外綿，上海紡織，大日本紡績，裕豊紡績（東洋紡績），同興紡織（大阪合同紡績）の6社（カッコ内は親会社），換算錘数合計では，この6社に日華紡績を加えた7社である。いずれも内地の4大紡績系か在華紡専業でトップスリーの会社である。豊田紡織は中国では，内地の4大紡や在華紡専業トップスリーに次ぐ地位を占めていたことが明らかである。この結果，内地，中国を合計して，豊田紡織は織機台数，紡織設備合計で表4-1に示されるような地位を占めていた。織機台数では9位から5位へ，紡織設備合計では16位から11位へそれぞれ大幅に上昇し，織機台数では3大紡と日清紡績に次ぎ，6大紡（大阪合同紡績が1931（昭和6）年3月に東洋紡績に合併されたので，以後は7大紡が6大紡となった）の一角を構成する富士瓦斯紡績，倉敷紡績や在華紡トップの内外綿を上回り，紡織設備合計ではさすがに6大紡や伊藤忠商事系の新興紡績会社として躍進著しい呉羽紡績，中堅紡の雄福島紡績や錦華紡績，在華紡トップの内外綿には及ばなかったものの，中堅紡の老舗岸和田紡績や在華紡2位の上海紡織を凌駕していた。この

表 4-1 紡績各社の内地及び中国における設備（換算錘数）合計のランキング（1937 年 6 月末）

順位	会社名	換算錘数計 内地	換算錘数計 中国	換算錘数計 合計	織機機台数 内地	織機機台数 中国	織機機台数 合計	順位
1	東洋紡績	1,998,516	246,169	2,239,685	18,888	3,736	22,624	1
2	鐘淵紡績	1,342,920	454,453	1,797,373	11,872	8,034	19,906	2
3	大日本紡績	1,311,514	330,991	1,642,505	10,168	4,368	14,536	3
4	富士瓦斯紡績	765,756	38,693	804,449	3,937	480	4,417	9
5	日清紡績	668,644	53,060	721,704	6,294	539	6,833	4
6	内外綿	118,791	578,975	697,766	809	4,953	5,762	7
7	倉敷紡績	575,365	―	575,365	2,131	―	2,131	13
8	呉羽紡績	555,220	―	555,220	3,652	―	3,652	10
9	錦華紡績	519,661	―	519,661	872	―	872	
10	福島紡績	411,341	29,860	441,201	2,112	―	2,112	14
11	豊田紡織	252,368	169,868	422,236	4,572	1,928	6,500	5
12	岸和田紡績	363,247	―	363,247	2,208	―	2,208	12
13	上海紡織	―	340,710	340,710	―	4,621	4,621	8
14	天満織物	320,322	―	320,322	644	―	644	
15	日華紡織	―	293,403	293,403	―	736	736	

注）換算錘数合計ランキングで 16 位以下は割愛した。割愛された会社のうち，織機台数ランキングで 15 位以内に登場してくるのは，以下の 3 社である。6 位 服部商店（5,974 台，内地），11 位 同興紡織（2,564 台，中国），15 位 満洲紡績（1,045 台，中国）。
出典　大日本紡績聯合会「綿糸紡績事情参考書」昭和 12 年上期版。

ように，豊田紡織は，1918（大正 7）年 12 月末から 1937 年 6 月末にかけての約 20 年の間に，中国に積極的に進出して，4 大紡系の会社と在華紡専業トップスリーの会社に次ぐ在華紡績会社となるとともに，内地，中国の日系会社全体の中で，紡織設備全体でみて，6 大紡と在華紡トップの内外綿に次ぐ有力中堅紡績会社グループの一角を構成する会社へと急成長したのである。

(3) 大株主と経営陣の変化

この過程で，大株主と経営陣の構成は次のように変化した。まず大株主に

ついてみると，最も大きな変化は，最大株主で株式の半分近くを有していた佐吉の健康状態の悪化と死去に伴う株式の佐吉の後継者である利三郎と喜一郎への移動である。そして，この過程を明らかにするために，佐吉と利三郎，喜一郎及びこの3人の持株の移動を仲介したと思われる従業員の村野時哉と西川秋次の持株の推移を調べてみると次の事実が明らかである。（豊田紡織㈱「営業報告書」1927上期－1935上期）

　佐吉から利三郎への移動（1万1750株，1927年3月－同年9月）と利三郎と村野との間の移動（往復）（2万4250株，1928年3月－同年9月，1934年9月－35年3月）を別にすると，佐吉から喜一郎へ直接に1万3450株（1930年9月－31年3月），西川を介して1万3275株（1933年3月－同年9月），合計2万6725株，佐吉から利三郎へ西川を介して2万6725株（1933年3月－同年9月）が移動したことが明らかである。この合計は5万3450株となるが，これは1928年9月まで佐吉が所有していた持株数である。つまり，佐吉が生前に所有していた5万3450の株式が，彼の死後，利三郎と喜一郎によって均等に相続され，この株式の移動の主な部分を外遊以来佐吉と行を共にし，佐吉が最も信頼していた西川秋次が仲介したのである。

　以上みてきた佐吉，利三郎の持株の移動を含めて，大株主の持株が戦前期に全体としてどのように動いたかを鳥瞰するために作成したのが表4-2である。これによると，持株の構成比でみて，1918年1月末（会社創立時）には，佐吉家の3人（佐吉，利三郎，喜一郎）の合計が58.5％，藤野家の合計が29.5％，児玉家の合計が10.0％と，この3家で全体の実に98％を占めていたが，1936（昭和11）年9月末には，それぞれの構成比が，豊田家（利三郎と喜一郎の合計）45.7％，藤野家21.1％，児玉家10.5％，3家合計77.3％に低下し，反面で豊田佐助の構成比が0.2％から3.4％に3.2％，その他が1.5％から16.5％に15％上昇したことが明らかである。この変化は，基本的には，1931（昭和6）年7月に行われた菊井紡織㈱の豊田紡織㈱への合併によるものである。菊井紡織㈱は，そもそも「豊田佐吉翁の労資協調精神に出発して，株式を豊田関係事業従業員に分に応じて先取せしめたといふその成立ちに大なる特色があ」り，「従って株主数は豊田関係会社中一番多

く，第一期末は四百三十五名を数え」ていた。(岡本 1953, 188 ページ) 株主数はその後増減して，1930 年 3 月末には 644 名になっていた。(東洋経済新報社，「株式会社年鑑」1930, 94 ページ) 同社の 1930 年 3 月末の株主構成をみると，持株数の多い順で，豊田紡織 18.4%，豊田佐助 14.8%，豊田佐吉 3.0%，土屋富五郎 2.6%，児玉米子 2.4%，村安重郎 2.1%，鈴木利蔵 2.0%，

表 4-2　豊田紡織㈱大株主の持株の変化

株主名	1918 年 1 月 持株数	%	1936 年 9 月 持株数	%	1937 年 3 月 持株数	%
豊田佐吉	48,000	48	—	—	—	—
豊田利三郎	10,000	10	87,883	28.2	69,133	22.2
豊田喜一郎	500	0.5	54,525	17.5	35,873	11.5
藤野亀之助（合資会社）	29,400	29.4	65,400	21	65,400	21
藤野つゆ	100	0.1	—	—	—	—
藤野勝太郎	—	—	300	0.1	300	0.1
藤野家計	29,500	29.5	65,700	21.1	65,700	21.1
児玉一造	500	0.5	—	—	—	—
児玉米子	9,000	9	10,117	3.2	10,117	3.2
児玉桂三	200	0.2	22,716	7.3	22,716	7.3
園田忠雄ほか	300	0.3	—	—	—	—
児玉家関係計	10,000	10	32,833	10.5	32,833	10.5
豊田平吉	300	0.3	1,001	0.3	801	0.3
豊田押切紡織	—	—	2,407	0.8	2,407	0.8
豊田佐助	200	0.2	10,500	3.4	10,500	3.4
西川秋次	—	—	2,242	0.7	2,242	0.7
村野時哉	—	—	675	0.2	373	0.1
鈴木利蔵	—	—	2,628	0.8	2,628	0.8
東洋棉花（株）	—	—	—	—	37,400	12
その他	1,500	1.5	51,606	16.5	52,110	16.7
合　計	100,000	100	312,000	100	312,000	100

注）藤野亀之助（合資会社）は，1918 年 1 月は藤野亀之助の持株，1936 年 9 月と 1937 年 3 月は，藤野合資会社の持株であることを示している。
出典）岡本藤次郎「豊田紡織株式会社史」1953 年，26 ページ。豊田紡織㈱「営業報告書」昭和 11 年下期，12 年上期版。

西川秋次1.9%，村野時哉1.7%，その他51.2%（持株数の構成比）だった。多数の従業員株主が中心の「その他」が最大で51.2%を占め，親会社の豊田紡織を別にすると，専務取締役の豊田佐助の14.8%がこれに次いでいた。それにしても，豊田紡織㈱の株主構成では1936年の時点でも，豊田，藤野，児玉の3家で全体の77.3%と圧倒的多数を制しており，所有における3家の共同事業的性格はいぜん維持されていた。

　しかし，その後，この性格に若干の変化が生じた。この表4-2によると，1937年3月期には，東洋棉花㈱が3万7400株を所有して豊田紡織の第3位の大株主となった。豊田家が自動車事業へ進出する過程で，三井財閥系の有力商社である東洋棉花との関係を強化する必要が生じたのである。なお，東洋棉花が所有することになった3万7400株の株式については，この表からも明らかなように，利三郎が1万8750株，喜一郎が1万8650株をそれぞれ拠出していた。

　経営陣の変化に目を転じると，1927年10月21日に豊田喜一郎が取締役に就任し，これと同時に，3人の従業員出身の人物が役員に就任した。西川秋次と鈴木利蔵が取締役，村野時哉が監査役となったのである。（岡本1953，76ページ）西川は，東京高等工業出身で佐吉の外遊時代，豊田自動織布工場時代から佐吉の傍にいて彼を助け，鈴木は西川より古く，佐吉が織機作りに苦労していた時代からの弟子であり，村野は，三井銀行名古屋支店長で明治期の個人経営の時代から佐吉と親交のあった矢田績の推薦によって豊田商会の経理担当者として採用され，その後豊田紡織の財務・経理業務を任されていた人物である。（田中1933，216-217ページ）ところが，この後1930（昭和5）年1月30日に児玉一造が，ついで同じ年の10月30日に豊田佐吉が相次いで亡くなり，豊田紡織は藤野亀之助に次いで中核的創業メンバーをすべて失うこととなった。そこで翌31年の5月18日に，菊井紡織㈱の合併を受けて，佐吉の末弟佐助が社長，すぐ下の弟平吉が取締役に就任した。（岡本1953，91ページ）これまで，豊田紡織の経営にかかわることのなかった2人の弟が，兄の死を契機に後継者である利三郎と喜一郎を助けることになったのである。次いで1933年10月23日に，藤野つゆと村野時哉が

監査役を退任し，代わって藤野勝太郎と竹内賢吉が監査役に就任した。(岡本 1953, 177, 178 ページ) 藤野勝太郎は，故亀之助の長男で，大阪高等商業の出身で，アメリカに渡り商業研究に従事するというキャリアを有していた。(岡本 1953, 61 ページ) また同じ日に，岡本藤次郎が取締役に就任したが，彼は名古屋商業を出た後渡米し，ニューヨークにあるイーストマン商業学校を卒業後，三井物産，東洋綿花の米国支店に勤務し，1926年に豊田紡織に入社していた。(岡本 1953, 60-61, 176 ページ) さらに1936年4月23日には，豊田平吉が取締役を辞して監査役となり，児玉家との関係で監査役を務めていた園田忠雄もその職を辞した。そしてこの年の10月23日には，豊田佐助が社長を退任した。(岡本 1953, 178 ページ) この平吉，園田，佐助の退任（平吉は監査役に止まったが，取締役は退いていた）は，佐吉の弟達，児玉家の親戚の経営中枢からの離脱という意味があり，これによって豊田紡織の豊田佐吉，藤野亀之助，児玉一造の3人による共同事業的性格が薄まったことになる。この佐助の社長退任を受けて，同日に豊田利三郎が社長，豊田喜一郎が専務取締役，岡本藤次郎が常務取締役になるとともに，林虎雄が取締役に選任され，監査役では，竹内賢吉が退任し，石田退三が代わってその任についた。(岡本 1953, 178-179 ページ) 林虎雄は名古屋高等工業出身の技術者であり（紡織雑誌社「紡織要覧」1937年度用，紡織紳士名鑑による），石田退三は児玉一造の親戚で，服部商店に勤務した後豊田紡織に入社した人物であった。そして翌1937年の4月23日には，既に述べた株式の移動に対応して東洋棉花㈱社長の権野健三が取締役に就任した。(岡本 1953, 113 ページ) こうして，戦前期の最終段階における豊田紡織の経営陣は，豊田利三郎，喜一郎という2人の佐吉の後継者を，従業員出身の専門経営者と，東洋棉花を背景とした社外取締役が支え，監査役に佐吉の弟である平吉といぜん二番目の大株主で創業家のひとつである藤野家の代表藤野勝太郎が座るという構成になったのである。

(4) 経営戦略の展開

以上見てきた経営陣に率いられて，豊田紡織はどのような経営戦略を展開

して，(2)で述べたような業界における地位を獲得したのであろうか。表 4-3 は，「豊田紡織株式会社史」の本文の記述と年譜から戦略の展開に関係する主なできごとを一覧表にしたものである。

これによると，豊田佐吉は，豊田紡織㈱を設立した 1918（大正 7）年 10 月に上海を中心に中国の紡績業を視察し，翌 19 年には上海に「半永住」する積りで再渡航し，豪邸を建てるとともに，紡織業を始める準備を進めた。そして 1920 年 4 月 25 日には，上海に於いて個人で紡織業を経営することについて豊田紡織㈱取締役会の承認を得，約 1 年間個人の事業として工場を動かした上で，1921 年 11 月 29 日にこれを㈱豊田紡織廠（資本金 1000 万両）として法人化した。

佐吉は，豊田自働紡織工場を法人化した直後から中国への進出を企て，上海に於けるこの工場の操業開始は，東洋紡績，大日本紡績，鐘淵紡績，大阪合同紡績という 4 大紡の上海進出に一歩先んじていた。「支那紡績の勃興」を報じた 1921 年 3 月 2 日付けの「大阪新報」によると，「本邦人経営の紡績を詳述せば，内外綿会社の上海付近に 18 万錘と青島 2 万錘，以上合計 20 万錘運転せる外に，計画中の 8 万錘は，其半数 4 万錘は近く運転を見る可くして最も優秀なるが，之に次で三井物産の上海附近に 9 万 5 千錘の運転せると，日華紡績の 5 万錘運転と新規計画中の 3 万錘あり。豊田織機の 3 万錘は今後 1，2 か月後には運転を見るに至る外，計画中のものは同興紡績の 4 万錘，東洋紡の 4 万錘，鐘紡の 3 万錘，大日本紡の 3 万錘，東華紡の 3 万錘等何れも上海附近に設置せらる可く‥‥」という状況であった。ここで，三井物産というのは三井物産系の上海紡織のことであり，豊田織機は豊田紡織の誤りであるが，ここに明らかなように，在華紡の先発組である内外綿，上海紡織，日華紡績の 3 社を追うグループの中で，豊田紡織は，大阪合同紡績（同興紡織の親会社），東洋紡績，鐘淵紡績，大日本紡績という 4 大紡の一歩先を歩んでいた。

次いで多工場化についてみると，1923（大正 12）年に名古屋市外の刈谷町に自動織機の試験工場を建設し，1926 年にここに紡機 2 万錘を据え付けて紡織兼営の工場とし，工場名を豊田紡織刈谷工場と改めた。そして 1929

56　Ⅳ　豊田紡織株式会社の経営史

年には，同じ刈谷町に東洋棉花㈱との折半出資で中央紡績㈱（資本金300万円）を設立したが，この会社の工場は，実質的には豊田紡織に原料綿糸を供給する同社の分工場であった。また1931年に，豊田紡織は菊井紡織㈱を合併し，その本社工場を同社の南工場とした。こうして豊田紡織は，名古屋市栄生町にある本社工場のほかに，刈谷町にある刈谷工場，中央紡織の本社工

表4-3　経営戦略の展開（年表）

年月日	内容
1918年1月29日	豊田紡織㈱（資本金500万円）創立
3月10日	菊井紡織㈱（資本金200万円）創立
10月	豊田佐吉　上海を中心に中国の紡績業を視察
1919年	佐吉，半永住の目的で再び上海へ渡航，大邸宅を建て，紡織業の開業準備に着手
1920年4月25日	豊田紡織の取締役会，佐吉が上海において個人の資格で紡織業を営むことを承認
1921年11月29日	㈱豊田紡織廠（資本金1,000万両）創立
1923年11月	刈谷町に自動織機の試験工場を設立
1925年9月25日	臨時総会で，資本金を500万円から800万円に増加することを決議
1926年1月	刈谷試験工場に紡機20,000錘を据え付け，運転開始
3月	刈谷試験工場を刈谷工場と改称
11月	刈谷工場の隣接地に㈱豊田自動織機製作所（資本金300万円）を設立
1928年下期	刈谷工場に紡機22,400錘，自動織機484台を増設
12月	㈱庄内川染工所（資本金100万円）を設立
1929年3月	中央紡織㈱（資本金100万円）を設立
1930年3月	本社工場に紡機8,000錘を増設
1930年10月	佐吉逝去
1931年4月25日	菊井紡織㈱合併の仮契約を締結
1931年9月7日	臨時総会で，菊井紡織㈱の合併完了を報告
1932年12月12日	庄内川レーヨン㈱（資本金300万円）を設立
1934年3月24日	新株6万株に対する第2回払込金（1株15円）を徴収
1936年10月31日	トヨタ金融㈱（資本金100万円）を設立
1937年3月	株式の一部を東洋棉花㈱に分譲
8月	トヨタ自動車工業㈱（資本金1200万円）を設立

出典）「豊田紡織株式会社史」本文及び「年譜」。

場，市内菊井町にある南工場という4工場を擁する紡織兼営の会社となったのである。

　豊田紡織はまた垂直統合戦略も進めた。紡績，織布という2工程の統合は最初から行われていたが，1928年にはさらに一歩を進めて染色加工工程に進出し，㈱庄内川染工所（資本金100万円）を設立した。一方，これより先1926年には後方統合して繊維機械製造事業に進出し，㈱豊田自動織機製作所（資本金100万円）を設立したが，これは，豊田佐吉が最初に取り組んで苦闘を重ね，苦汁を飲まされた「祖業」への回帰という意義を有していた。織機製造事業を統合した綿紡織会社という紡績会社としては異例の存在となったのである。

　最後に，1932年には，成長著しいレーヨン工業へ多角化して，庄内川レーヨン㈱（資本金300万円）を設立した。レーヨン工業には既に鈴木商店系の帝国人造絹糸，日本窒素・日本綿花系の旭絹織，という先発2社のほかに，三井物産系の東洋レーヨン，大紡績系の日本レイヨン，昭和レーヨン（東洋紡の子会社），倉敷絹織の4社が存在しており，1931年以降この6社の後を追って大紡績，中堅紡績系の会社等が多数参入したが，庄内川レーヨンはその参入の先頭を走っていた。1932年から33年にかけて斯業へ参入した企業は，日本化学製糸㈱，庄内川レーヨン㈱，日清レーヨン㈱，錦華人絹㈱，福島人絹㈱，鐘淵紡績㈱，呉羽紡績㈱の7社（参入順）（山崎1975, 162-163ページ）であるが，この先頭を切った日本化学製糸㈱は，結局先発6社のひとつである倉敷絹織に合併されたので，これを別にすると，庄内川レーヨンが残る6社の先頭を切り，6大紡に属する日清紡，鐘淵紡及び6大紡に準ずる呉羽紡や中堅紡績トップクラスの福島紡や錦華紡に一歩先んじていたことが明らかである。

　このように，豊田紡織は，多工場化，多国籍化，垂直統合，多角化という，この時期に6大紡がとった戦略のすべてを採用したが，豊田紡織程度の規模の紡績会社，いわゆる中堅紡績でこれだけ広範囲な経営戦略を積極的に展開した企業はほかになかった。その意味で同社は中堅紡としては異色の存在であり，紡織機製造業をも統合した点では6大紡とも差別化された存在で

あった。

3 豊田紡織㈱の低利益率と高売捌益率

(1) 低利益率

以上のような戦略に導かれた企業行動の結果，どのようなパフォーマンスが挙げられたか。豊田紡織㈱の払込資本金利益率を大日本紡績聯合会加盟会社全体のそれと比較すると，1918（大正 7）年下期から 1937 年上期に至る 38 期（19 年間）の平均で豊田紡織が 13.4％だったのに対して，紡聯合計は 24.7％で，豊田紡織の利益率は，紡聯合計のほとんど半分という低い水準であった。また，大山壽の「本邦紡績業ニ関スル調査」（1935 年 10 月，ムラカミインサツ）で提示されている大・中・小という規模別に区分された紡績会社の利益率（1929 年－1933 年の平均）（168-171 ページ）を見ると，大紡績 17.64％，中紡績 7.70％，小紡績 3.52％と，鮮やかな規模別の格差が存在していたから，豊田紡織と大紡績会社との間の格差は，紡聯合計との間にみられる差以上に大きかったと考えられる。

しかも，豊田紡織の場合，当期純益に占める雑益（子会社からの収益が中心）の割合が高く，これを差し引いた本業である紡織業のみの利益率は，ここで示されている利益率の半分程度でしかなかった。試みに，大紡績の代表的存在である東洋紡績と豊田紡織について，会社全体の利益率と雑益を除いた紡織業のみの利益率を比べてみると以下の通りで，本業である紡織業の利益率は全体の利益率の 48％程度でしかなく，東洋紡績の 77％と大きな違いがあった。

	全体（A）	紡織業（B）	B/A
東洋紡績	37.1％	28.6％	77.1％
豊田紡織	13.3％	6.4％	48.1％

注：1918 年下期－1937 年上期の平均。
出典：大日本紡績聯合会「綿絲紡績事情参考書」より算出。

そうなると，ここからひとつの疑問が生じてくる。それは，本業である紡

織業の利益率がこのように低いにもかかわらず，豊田ファミリーの高所得が形成されたのは何故か，という問題である。上で見たように，本業の低収益の一部は雑益によって一部がカバーされたことは確かであるが，それにもかかわらず全体の利益率も，紡連合計の半分程度，東洋紡績の3分の1強でしかなかったのである。

(2) 高売捌益率

そこで，この問題の答えを探るために，豊田紡織の「営業報告書」における「損益計算書」と「利益金処分」の内訳をみると，「損益計算書」上の「差引当期利益金」は，(製品売却益＋屑物売却益＋雑益)－(事務所費＋工場費)であり，次いで「利益金処分」で，この当期利益金と前期繰越金の合計が，法定積立金，従業員保護基金，固定償却，配当金，役員賞与金及交際費，後期繰越金に分けて処分されていた。ところが，紡績会社の事業成績を各決算期についてまとめている「綿絲紡績事情参考書」の「全国紡績会社営業成績表」では，当期純益金を「役員及職員並びに職工賞与金，固定資本償却金等を控除シタルモノ」としているから，業界共通に通常使われる当期純益は，豊田紡織の「損益計算書」上の差引当期利益金から「利益金処分」項目中の固定償却と役員賞与金及交際費を控除した金額ということになる。そこで，当期純益＝製品・屑物売捌益＋雑益－(事務所費＋工場費)－(固定償却＋役員賞与金及交際費)であり，雑益を除いた本業の当期純益＝製品・屑物売捌益－(事務所費＋工場費)－(固定償却＋役員賞与金及交際費)ということになる。

本業の当期純益は，製品・屑物売却益から諸経費を差し引いた差額であり，この諸経費には，製品の試験研究費や開発費，固定資産の減価償却費，役員賞与・交際費等が含まれているから，同じ当期純益であっても，製品等の売却益が多ければ，それだけ試験研究費や開発費，減価償却費，役員賞与等を多く支出することができることになるから，企業のパフォーマンを測る尺度として，当期純益だけでなく製品等の売却益の多寡にも目を向ける必要があるということになる。そして，紡織業は，所与の固定資産を稼働させて

製品等の売却益を得ているわけだから,企業が売却益を獲得する活動の効率を測る尺度として,売却益の固定資産に対する比率（固定資産売却益率）を用いることが考えられる。

そこで,1918（大正7）年下期から1937年上期までの19年間におけるこの固定資産売却益率を5大紡と豊田紡織について求め,この19年間の平均値を高い順に並べると,豊田紡織69.8％,大日本紡績58.6％,東洋紡績50.2％,倉敷紡績38.7％,日清紡績36.7％,富士瓦斯紡績25.6％である（5大紡は,東洋経済新報社「株式会社年鑑」各年版,豊田紡織は,同社「営業報告書」各期分より算出）。豊田紡織の売捌益率が5大紡のいずれよりも高かったこと,5大紡で最高の大日本紡績と比べても約2割上回っていたことが明らかである。なお,通常は6大紡に含まれる鐘淵紡績がここに登場して来ないのは,同社の損益計算書では,製品・屑物売上高と雑収入が一括して計上されており,雑収入を除いた製品・屑物売捌益が求められないことによるものである。

ところで,製品・屑物売捌益というのは,製品・屑物の売上高から原材料費を差し引いた額だから粗付加価値に近似しており,その固定資産に対する比率が高いということは,固定資産に対する付加価値の生産性が高いということに近い。おおまかにいって,豊田紡織の生産性は日本の紡績会社の中で際立って高かったと考えられる。ここから減価償却費や工場費,事務所費,役員賞与等が支払われ,残った額が株主配当と種々の積立金,次期への繰越金等の内部留保に分けられる。したがって,この生産性が高ければ,それだけ企業の自由度が高くなり,豊田紡織のようなオーナー企業の場合には,配当や役員賞与をふやしながら企業の競争力をも高めることが可能になる。この点に着目すると,豊田紡織という会社のパフォーマンスを論ずる場合には,その利益率の低さとこのような生産性の高さを一体として把握することが肝要だということになる。

(3) 高売捌益率の形成要因

それでは,豊田紡織の固定資産売捌益率のこのような高さは何故に生じた

のだろうか。

$$固定資産売却益率 = \frac{売却益}{固定資産} = \frac{販売額 - 原材料費}{固定資産} = \frac{販売額}{固定資産} - \frac{原材料費}{固定資産}$$

という等式が成り立つが，このうち最右辺の$\frac{販売額}{固定資産}$は，販売額が生産額にほぼ等しいとすれば，製品の単価と生産量，固定資産の単価と固定資産の数量によって決まるので，この値を決める主な要因は，製品の単価，固定資産の単価，製品の機械に対する生産性である（固定資産の中心は機械設備であり，資料上の便宜もあって，ここでは製品の機械に対する生産性で，製品の固定資産に対する生産性を近似的に代表させた）。同じようにして，最右辺の原材料費÷固定資産は，原材料の単価と原材料の使用量，固定資産の単価と固定資産の数量によって決まるので，この値を決める主な要因は，原材料の単価，固定資産の単価，原材料使用量の固定資産の数量に対する比率であるが，

$$\frac{原材料使用量}{固定資産の数量} = \frac{原材料使用量}{製品生産量} \times \frac{製品生産量}{固定資産の数量}$$

で，この右辺は，原材料の原単位と既に触れた製品の機械に対する生産性の積に近似している。このことから，固定資産売捌益率の主な決定要因として，われわれは，製品と原材料の価格の関係，機械の生産性，機械の購入価格，原材料の原単位という4つの要因を抽出することができる。

そこで問題は，豊田紡織は，この4要因についてどのように有利な競争条件を有していたか，ということになってくるが，このうち原材料の原単位については，資料上の制約もあって，その優劣について簡単に判断することはできない。各社ごとに製品の構成は異なり，製品ごとに原単位は異なるからである。これを別にすると，残りの3要因について，豊田紡織は他社に比べて明らかに有利なポジションを維持していた。まず，製品と原材料の価格関係については，製品の綿布と主な原材料の棉花を主として東洋棉花と取引していたと考えられるが，この東洋棉花の事実上の社長は児玉一造であり，彼は豊田紡織の大株主兼取締役でもあった。また，豊田紡織常務の豊田利三

郎は児玉一造の弟で，敏腕の商社マンでもあったから，商社との取引において，同社が有利な立場にあったことは間違いない。また，紡織機械の仕入れ価格についても，同社は有利な立場に立っていた。同社の社長豊田佐吉は，明治期には，織機の製造を志して苦労を重ね，日本の代表的織機メーカーとなる豊田式織機㈱の常務取締役兼技師長に就任するというキャリアを有していたから誰よりも織機について詳しく，豊田紡織の紡織機は豊田式織機㈱から購入され，1924（大正13）年に刈谷に自動織機の試験工場を設置してからは，自動織機を内製していた。このようなことから，豊田紡織は紡織機の仕入れ価格についても，他の紡績会社に対して比較優位を有していたと想定することができよう。さらに，このことは，織機の選定やその操作においても同社を有利な立場に立たせたであろうから，織機の生産性でも同社は優位にあったに違いない。事実，紡績兼営織布における綿布の織機1台当たり1日平均出来高を示すデータによって，1918年下期から1937年上期に至る38期（19年）間における各社別の出来高の平均値を，6大紡と豊田紡織について算出すると，6大紡の49.43ヤード－67.82ヤードに対して，豊田紡織は80.15ヤードと断然有利な立場に立っていた。（大日本紡績聯合会「綿絲紡績事情参考書」各期版より算出）

(4) 高経費率

このように，豊田紡織は固定資産売捌益率で最高のパフォーマンスを挙げていたのであるが，その上で次に，この売捌益からどのように経費が支出されて，本業である紡織業の利益がどのように残されたかが問題となってくる。この点を検討するために，われわれは，大紡績の代表としての東洋紡績と豊田紡織について表4-4のような表を作成した。この表のもとになった損益計算書では，経費が工場費と事務所費（営業費）に分けられているが，豊田紡織㈱では，1934（昭和9）年下期からそれまでの事務所費が営業費に変り，この前後で金額も大きく変化している。このことは，この期を境に経費の工場費とそれ以外の費用への区分が大きく変ったことを示している。このように，経費の内訳については，その区分に一貫性を欠く疑いがあるので，

ここでは，経費の内訳には立ち入ることなくその合計に注目することとした。

表 4-4 によると，製品・屑物売捌益に対する損益計算ベースでの経費合計の比率が，東洋紡績は 68.9％であったのに対して，豊田紡織は 89.1％で，豊田紡織が 20％以上も東洋紡績を上回っていた。この結果損益計算ベースでの本業の利益の比率が，東洋紡績は 31.1％，豊田紡織は 10.9％と，豊田紡織は東洋紡績の約 3 分の 1 という低い水準の利益を余儀なくされていた。この表には，損益計算ベースでの経費合計以外に，利益金処分ベースでの役員賞与・交際費と固定資産の減価償却費の比率も記載されており，このうち役員賞与・交際費の比率は，東洋紡績の 1.6％に対して，豊田紡織は 0.5％に止まっているが，この費用については，これが利益金処分の項目として表（おもて）に出てくるのは，豊田紡織の場合，1923（大正 12）年上期までであることに注意する必要がある。この表 4-4 の数値は，東洋紡績は対象となっている全期間の平均値であるが，豊田紡織は，1923 年下期以降を 0 とした全期間の平均値である。豊田紡織でこの費用が表（おもて）に出ている 1923 年上期までの 10 期に限って平均値を求めると，東洋紡績 2.1％，豊田紡織 1.8％とその差は極めて小さくなる。また，第一次大戦後の戦後ブームを反映している 1920 年上期の比率が，東洋紡績 6.6％，豊田紡織 2.0％と，

表 4-4　東洋紡績と豊田紡織の各種経費と本業利益の製品・屑物売捌益に対する比率
（1918 年下期－1937 年上期の数値の平均，％）

会社名	経費計	差引利益	役員賞与・交際費	減価償却	本業利益
東洋紡績	68.9	31.1	1.6	8.0	21.5
豊田紡織	89.1	10.9	0.5	7.2	3.2

注 1)　各項目の製品・屑物売捌益に対する比率。
　　2)　豊田紡織の役員賞与・交際費は大正 12 年上期までの数値，以降はそれを 0 として平均値を算出。
　　3)　差引利益＝製品・屑物売捌益－経費計，本業利益＝差引利益－（役員賞与・交際費＋減価償却）。これは，損益計算書上の差引当期利益金－雑益と一致する（豊田紡織の場合），東洋紡績では，役員賞与金と固定資産償却金が損益計算書上の支出に含まれているから，損益計算書上の当期純益金－（収入利子及配当金＋雑益金）と原則的に一致する。
出典）東洋紡績は，東洋経済新報社「株式会社年鑑」各期分，豊田紡織は，同社「営業報告書」各期版による。

東洋紡績の比率がこの期だけ異常に高くなっていることを考慮して，この期を外して 1923 年上期までの 9 期の平均値を求めると，東洋紡績 1.6%，豊田紡織 1.8% と豊田の方が少し高くなる。この費用が表（おもて）に出ている期間についていえば，売捌益との関係で，豊田紡織は東洋紡績とほぼ同じレヴェルの役員報酬を払っていたと考えられる。また減価償却費は，東洋紡績 8.0%，豊田紡織 7.2% で，東洋紡績がやや上回っていたが，その差は小さかった。これも売捌益との関係で，豊田紡織は，東洋紡績のレヴェルに近い減価償却を行っていたといえる。この結果，最終的な本業利益の売捌益に対する比率は，東洋紡績の 21.5% に対して，豊田紡織はわずか 3.2% でしかなかった。このように見てくると，豊田紡織は，際立って高い売り捌き益率を挙げていたものの，費用の売捌益に対する比率が極めて高かったために，極めて低い本業利益率（売捌益に対する比率）に甘んじざるを得なかったことが明らかである。

　それでは，このように高い費用比率が生じたのは何故か。費用の内訳が分からない限り（上述のように，工場費とそれ以外という区別は公表されているものの，その区別に一貫性がないので，この数字を使う意味があるか疑問である），この問いに実証的根拠にもとづいて明確に答えることは困難である。しかし，いくつかの資料によってある程度確からしい推論を行うことは必ずしも不可能ではない。

　まず何と言っても最初に脳裏に浮かぶのは，豊田佐吉が製品の研究開発や試験研究を重視していたということである。「豊田佐吉伝」はこのことを繰り返し強調しており，このことの故に彼は社長と対立して豊田式織機㈱の常務取締役兼技師長という安定した地位をも放棄したのである。この関係の費用の支出を惜しまなかったために，豊田紡織の経費率が他社よりも高くなったことは容易に考えられることである。

　次に，「週刊東洋経済新報」臨時増刊「会社かがみ　昭和 10 年版」の「豊田紡織」を扱った記事は，同社の 1934（昭和 9）年下期損益計算における支出（まさにここでわれわれが問題としている費用）の激減に触れて，「この期には支出合計が対前期比 67 万 1000 円（19.7%）減少しているが，これに

は疑問がある。利益金処分で，仮受金から62万5000円が利益金へ繰入れられ，これが社外に分配されている点から見て，従来の決算では，支出を実際以上に計上し，利益金の計上を内輪にして，これを仮受金なる項目に入れていたとも解し得る，」と述べている。(212ページ) 要するに，経費の「過大」計上による秘密積立金の形成の可能性を示唆している。3つの創業者ファミリーの所有と経営権の集中が高度に進んでいた豊田紡織の場合には，経理についても経営者の自由度が高く，このような費用の「過大」計上が行われ易かったのであろう。

豊田紡織の費用比率の高さについては，上記の「会社かがみ」の記事の次のような記述も参考になる。「資産内容を見ると，当社は一錘当り固定資産が三十円八十銭といふ一流紡績並の評価である」というのである(212ページ)。この指摘を受けて，豊田紡織と東洋紡績の換算錘数1錘当たりの固定資産額を算出し，これをグラフにした図4-1によると，東洋紡績の1錘当たり固定資産額が比較的安定していて40円－50円の間に位置するケースが多いのに対して，豊田紡織の場合には，それが上下に大きく変動し，おおまか

図4-1 東洋紡績と豊田紡織の1錘当たり固定資産額の推移（1918年下期－1937年上期）

(単位：円)

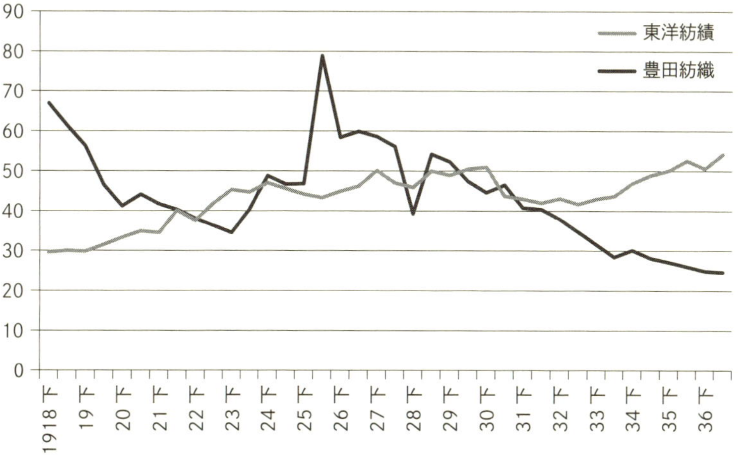

出典）両社「営業報告書」，「綿絲紡績事情参考書」各期版より算出。

にいって，1918年下期の67円から1923年下期の35円まで大きく低下した後，1924年上期から急騰して1926年上期には79円となり，その後は再び急低下して，1936, 37年には25円になったことが明らかである。このうち1924年上期から26年上期にかけての急騰は，刈谷における自動織機の試験工場の稼働と連動しており，これに関連した紡織機の設置に伴って1錘当たり固定資産額が急上昇した。そしてその後は，増設された設備も含めて償却を急速に進めた結果，その額が大きく低下して行ったのである。ところが，図4-2に示されている減価償却費の固定資産に対する比率の動きを見ると，豊田紡織の償却率は1926（昭和元）年頃から1935年前後にかけてそれほど目立って上昇してはいない。このことは，1926年下期以降の1錘当たり固定資産額の大幅な低下が専ら通常の減価償却費によって行われたわけではないことを物語っており，工場費として計上されている費用の一部がそれに充てられたと推定される。

　また，この費用比率の高さには，役員賞与も関係している。既にみたように，豊田紡織は，1923年上期まで利益金処分に毎期役員賞与・交際費を計上していたが，23年下期以降それがどこにも計上されなくなった。しかし，本章の4(2)で見るように，1926年現在で豊田佐吉が相当の役員賞与を

図4-2　東洋紡績と豊田紡織の固定資産償却率の推移（1918年下期－1937年上期）

(単位：%)

出典）両社「営業報告書」，「綿絲紡績事情参考書」各期版より算出。

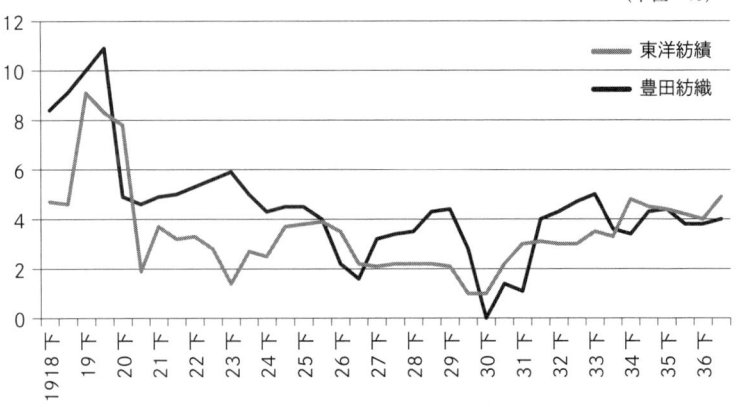

受け取っていたことは確かであるから，1923年下期以降は費用の中からそれが支払われていたことになる。そして，豊田紡織の定款によると，役員賞与金及交際費は総益金－総損金（差引当期利益金）の100分の10以内と定められており，利益金処分でそれが明示されていた1923年上期までの実績をみると，当期利益金に対する比率で，それは創業当初は4－5％に止まっていたが，1920（大正9）年下期以降は8.7％－9.9％とほとんど10％に近い水準を記録していた。このことは，順調であれば定款の規定の上限（10％）に近い役員賞与を払うというのがこの会社の基本的考えだったのではないかと推定される。そして，この1920年下期－1923年上期までの6期の役員賞与金及交際費の売捌益に対する比率は2.5％で，東洋紡績の同じ期間の平均1.3％，全期間の平均1.6％のいずれをも上回っていた。豊田紡織の役員賞与比率は東洋紡績を上回っていたと推定できる。

　製品・屑物売捌益金からこれらの費用を支払った残りが本業利益であり，この本業利益に子会社からの配当や金融機関への預け金や子会社等に対する貸付金等の利子（雑益）を加えた合計が配当金と社内留保に分割されるのであるが，この配当金の払込資本金に対する比率である配当率がどうであったかを最後に見ておくと，1918年下期から1937年上期に至る全期間の平均で，東洋紡績の26.8％に対して，豊田紡織はわずか9.5％と東洋紡績のおよそ3分の1という低い水準であった（両社「営業報告書」より算出）。豊田紡織のパフォーマンスは，低収益であるとともに低配当でもあったのである。

4　高所得形成のメカニズム

(1) 高配当の形成

　それでは，豊田家の事業の中核である豊田紡織㈱のこのような低収益，低配当にもかかわらず，豊田佐吉が第一次大戦期のブーム期以降高所得者グループにランクインすることができたのは何故であろうか。大蔵省の「昭和2年分　第三種所得税大納税者調」を手がかりに佐吉の高所得形成のメカニ

ズムについて考えてみよう。

　まず，ここに登場してくる大納税者のうち大紡績会社もしくは中堅紡績会社の社長である者の配当所得を多い順に並べると次の通りである。

　大原孫三郎（倉敷紡績）25万1040円，谷口房蔵（大阪合同紡績）17万4956円，菊池恭三（大日本紡績）14万7811円，矢代祐太郎（福島紡績）13万7817円，寺田甚与茂（岸和田紡績）12万8486円，武藤山冶（鐘淵紡績）10万6297円，豊田佐吉（豊田紡織）10万5160円，阿部房次郎（東洋紡績）6万7850円，宮島清次郎（日清紡績）6万6843円

　豊田佐吉の配当所得は，富士瓦斯紡績以外の6大紡及び中堅紡績の雄福島紡績，岸和田紡績等各社の社長達の中で，大原，谷口，菊池，矢代，寺田，武藤よりは少なかったが，東洋紡績の阿部や日清紡績の宮島をかなり上回っていたことが明らかである。上述のように，本拠である豊田紡織の低収益，低配当にもかかわらず，このようなことが何故生じたのであろうか。

　この理由を探るために，われわれは7大紡と中堅紡績の雄2社について，表4-5のような表を作成した。ここには，各社およびその社長について，各社が1926（昭和元）年度に支払った配当金と配当率，社長の会社に対する持株率，社長が会社から受け取った配当金，それに0.6を乗じた金額，1927年度に課税対象となった配当収入（1926年受け取り分）の合計が順に示されている。但し，東洋紡績と岸和田紡績の場合には，株主がそれぞれの社長の資産管理会社になっているため，各資産管理会社の配当収入にそれぞれの社長の持株率（推定を含む）を乗じた金額を社長個人の収入とみなして掲記した[1]。まず最左欄の配当金を見ると，豊田とそれ以外との間には隔絶した差があり，豊田を1とすると，最大の鐘淵紡績は27.5，2位の大日本紡績が27.4，3位の東洋紡績が21.4で，中堅紡でも，岸和田紡績が5.3，福島紡績が4.7だった。そしてこれに会社の規模が影響するのは当然であるが，それとともに，配当率の高低の影響も大きかった。ここでも豊田は最低で5.35％でしかなく，最高の鐘淵紡績は36.5％と7倍に近く，中堅紡の岸和田紡績35％，福島紡績32％と約6倍，7大紡中最低の富士瓦斯紡績でも11％と2倍の水準にあった。

4 高所得形成のメカニズム　69

表 4-5　第三種所得税大納税者リストに登場する紡績会社社長の本拠となる企業の配当状況と社長の配当収入（1926 年の実績）

会社名	配当金(千円)	比率	配当率(%)上期	配当率(%)下期	社長名	社長の持株率(%)	比率	社長の配当収入(円)	×0.6 (A)	配当収入計(B)	A/B%
鐘淵紡績	10,437	27.5	38	35	武藤山治	1.36	0.03	141,943	85,166	106,297	80
東洋紡績	8,119	21.4	25	25	阿部房次郎	0.3	0.007	24,356	14,613	67,850	22
大日本紡績	10,400	27.4	20	20	菊池恭三	0.98	0.02	101,920	61,152	147,811	41
富士瓦斯紡績	3,740	9.8	12	10	─	─	─	─	─	─	─
倉敷紡績	2,223	5.9	16	12	大原孫三郎	12	0.29	266,760	160,056	251,040	64
大阪合同紡績	3,281	8.6	20	20	谷口房蔵	2	0.05	65,620	39,372	174,956	23
日清紡績	2,580	6.8	16	16	宮島清次郎	3	0.07	77,400	46,440	66,843	70
岸和田紡績	2,013	5.3	35	35	寺田甚与茂	11.65	0.29	234,515	140,709	128,486	110
福島紡績	1,792	4.7	32	32	八代祐太郎	11.88	0.29	212,800	127,734	137,817	93
豊田紡織	380	1	5.7	5	豊田佐吉	40.75	1	154,850	92,910	105,160	88

注）1　比率はいずれも豊田紡織を 1 とする比率。
　　2　社長の配当収入は，本拠となる企業の配当金×社長の持株率。配当金は，1926 年上期と下期の配当金の合計。
　　3）配当収入計は，1927 年度分の所得税の課税対象となった前年（1926 年）中の各人の配当所得の合計。当時の税法では，配当収入は，その 6 割が課税対象であったので，A 欄に本拠である企業からの配当収入に 0.6 を乗じた金額を示し，最右欄にその金額の配当収入計に対する比率を示した。
出典）東洋経済新報社「株式会社年鑑」昭和 2 年版，豊田紡織㈱「営業報告書」大正 15 年上期，下期版，大蔵省主計局「第三種所得税大納税者調」昭和 2 年分。

しかし，このハンディキャップを，豊田佐吉は，持株率の異常な高さによってカバーしていた。佐吉の本拠である会社に対する持株率は 40.75％に及び，これに次ぐのは大原孫三郎の 12.0％，矢代祐太郎の 11.875％，寺田甚与茂の 11.65％で佐吉の 3.4 分の 1 乃至 3.5 分の 1 でしかなかった。大原を除く 7 大紡社長達の持株率は極めて低く，0.3％（阿部房次郎）－3.0％（宮島清次郎）で，佐吉の 13.6 分の 1 以下の水準であった。この結果，本拠となる企業からの配当収入で，豊田佐吉はここに表記した 9 人の社長の中で，大原，寺田，矢代に次いで 4 位に位置し，倉敷紡績以外の 7 大紡の社長達より優位に立っていた。豊田紡織の低収益，低配当にもかかわらず，豊田佐吉は豊田紡織に対する圧倒的に高い持株率の故に，本拠となる企業からの配当収入で，倉敷紡績の大原孫三郎を除く 7 大紡の社長を上回ることができたのである[2]。

なお，この表の右欄 2 つについてコメントしておくと，本拠となる企業からの配当収入に 0.6 を乗じたのは，第三種所得税を課税する際に，配当収入

については収入の4割を経費として控除することが認められているために，この欄のカッコ内の数字はこの課税所得の最右欄に記されている課税対象となった各人の配当収入の合計に対する比率（％）である。このカッコ内の数字から明らかなように，東洋紡績の阿部房次郎，大日本紡績の菊池恭三，大阪合同紡績の谷口房蔵の場合には他社からの配当収入が多く，そのために配当収入合計のランキングでは，豊田佐吉は9人中7位とやや順位が下がっている。

(2) 高役員報酬の形成

次に，「昭和2年分 第三種所得税大納税者調」に登場してくる10人（この場合には，東洋紡績副社長の庄司乙吉も，俸給賞与が多いためここに登場してくる）の俸給・賞与額をみると以下の通りである。

武藤山治18万7430円，大原孫三郎17万7439円，菊池恭三14万3354円，阿部房次郎12万7046円，庄司乙吉9万9971円，谷口房蔵9万4450円，宮島清次郎6万6343円，豊田佐吉4万6900円，矢代祐太郎4万150円，寺田甚与茂2万7237円

豊田佐吉は，4大紡の社長である武藤，菊池，阿部，谷口，東洋紡績の副社長である庄司，倉敷紡績の社長で中国地方の地方財閥のリーダーでもある大原には大きく及ばなかったが，日清紡績の宮島との差は比較的小さく，中堅紡績の雄である福島紡績の矢代や岸和田紡績の寺田を上回る給与所得を得て，この面でも紡績業界における大納税者の一角を占めていた。

所得の中心を占める役員報酬について各社の資料の開示は十分ではないが，東洋紡績，倉敷紡績，日清紡績，福島紡績，豊田紡織については，利益金処分にその数字が示されている（豊田紡織は上述のように1923（大正12）年上期までしかないが）ので，これを使いながら，豊田佐吉が給与所得においても大納税者になることができた理由について，推論を試みてみよう。表4-6は，資料が得られる5社について，1926年度における各社の製品・屑物売捌益と役員報酬を示したものであるが，これによると，役員報酬等の原資となる売捌益で，豊田紡織とほかの4社との間には極めて大きな開

きがあったことが明らかである。豊田紡織を1とすると，東洋紡績11.9，倉敷紡績3.1，日清紡績2.9，福島紡績2.3であった。ところが，上に示した表によると，各社長のこの年度の俸給・賞与額の豊田佐吉のそれに対する倍率は，阿部（東洋紡）2.7，大原（倉敷紡）3.8，宮島（日清紡）1.4，矢代（福島紡）0.9で，本拠となる会社以外からの俸給・賞与が多かったと思われる倉敷紡の大原を別にすると，売捌益における大きな開きが相当縮まったり，矢代（福島紡）の場合には地位が逆転している。この理由を考える時に参考になるのが，表4-6における役員報酬の比率（豊田紡織を1とした各社の倍率）と最右欄の役員報酬の売捌益に対する比率（％）である。役員報酬における各社の倍率が売捌益における各社の倍率に比べて大きく縮小しており，これは最右欄の比率が示すように，役員報酬の売捌益に対する比率で豊田紡織が他社の2倍かそれに近い比率（倉敷紡の場合は1.3倍）を挙げることができたからである。そして，豊田紡織の役員報酬比率が他社に比べてこのように高かったのは，社長である豊田佐吉の会社に対する影響力がそれだけ強かったからであると考えられる。

なお，ここでの豊田紡織の役員報酬は，1923（大正12）年下期以降同社の「営業報告書」には役員賞与・交際費が示されなくなったから，1923年上期までの実績や同社の定款の規定，㈱豊田紡織廠の1925年下期（この期まで，同社はこの数字を開示している）までの実績に基づく推計値である。定款の規定と1923年上期までの豊田紡織の実績については既に述べたの

表4-6 大紡績3社と福島紡績，豊田紡織の役員報酬の比較（1926年度）

(千円)

会社名	売捌益（A）	比率	役員報酬（B）	比率	B/A%
東洋紡績	47,822	11.9	580	6.4	1.21
倉敷紡績	12,646	3.1	213	2.3	1.68
日清紡績	11,750	2.9	150	1.6	1.28
福島紡績	9,152	2.3	96	1.1	1.05
豊田紡織	4,029	1.0	91	1.0	2.26

注）比率は，豊田紡織の数値に対する倍率。
出典）東洋経済新報社「株式会社年鑑」昭和2年版。豊田紡織㈱「営業報告書」。

で，㈱豊田紡織廠の実績について触れておくと，業績が悪かった 1923 年下期と 24 年下期には，この費用は支払われなかったが，これらを除く 1925 年下期までの 6 期には，平均して 9.6％（対差引利益金）の役員賞与・交際費が支払われていた。これらの事実から，豊田紡織や㈱豊田紡織廠では，業績が余程悪化しない限り，当期利益の 10％というのが役員報酬の水準の目途とされていたと考えることができよう。こういうことで，表 4-6 における豊田紡織の役員報酬は，同社の 1926 年上期と下期の当期利益の 10％として算出されている。

売捌益における彼我の大きな差を縮めることができたもうひとつの理由として，豊田佐吉の場合には，㈱豊田紡織廠社長としての報酬があったことにも注目しておく必要がある。紡織廠との関係では，佐吉は同社の大株主でもあったから，配当収入についてもこのことを考慮しなければならないが，同社は 1925 年下期までは無配であり，26 年上期から配当を開始したが，26 年上期，下期については，創業ファミリー三家の 11 人は配当を辞退しており，1926 年度まで佐吉は同社から配当を受け取ってはいなかった。これに対して，上述のように，同社は役員報酬を，業績が悪化した 2 つの時期を除いては支払っており，1926 年上期から役員報酬の数字が開示されなくなったものの，36 年度の業績は以前に役員報酬を支払っていた時期の最低水準は十分に超えていたから，この年度にも役員報酬は支払われていたと想定するのが自然であろう。

そこでまず会社が支払った役員報酬額であるが，豊田紡織については，表 4-6 から 9 万 1000 円と推定される。問題は㈱豊田紡織廠であるが，「営業報告書」から，1926（昭和元）年上期と下期の「差引利益金」が 18 万 1000 両，20 万 4000 両であることが分かるから，この 10％が役員賞与・交際費であったとすると，1 万 8100 両，2 万 400 両が 15 年度の役員賞与ということになる。そして，これを 1926 年 4 月と 10 月の上海為替相場（日本銀行「金融事項参考書」昭和 3 年調による）で円に換算すると，2 万 7800 円，2 万 5700 円，合計 5 万 3500 円となる。

次の問題は，これらの役員報酬が各役員にどのように配分され，社長であ

る豊田佐吉がどれだけの報酬を受け取ることができたかであるが，このことについて具体的資料があるわけではない。ここでは，役員の役職に応じて一定の点数を定め，そのウェイトに応じて社長の報酬額を推定することにした[3]。その点数は，社長を2とし，常務取締役を1.5，取締役を1，監査役を0.5で，これに従えば，豊田紡織の場合，社長1人，常務1人，取締役1人，監査役3人であるから，総点数は2×1 + 1.5×1×1 + 0.5×3 = 6 となり，社長の取り分は全体の 2/6 = 1/3 である。㈱豊田紡織廠の場合は，社長1人，取締役4人，監査役4人であるから，総点数は 2×1 + 1×4 + 0.5×4 = 8 となり，社長の取り分は全体の 2/8 = 1/4 である。以上から，社長である豊田佐吉の役員報酬は，豊田紡織から 9万1000円×1/3 = 3万333円，㈱豊田紡織廠から 5万3500円×1/4 = 1万3375円ということになる。この合計は 4万3706円であり，豊田佐吉の税制上の給与所得 4万6900円と相当に近似している。この数字を前提にすると，佐吉はこの年度の役員報酬を，豊田紡織7，㈱豊田紡織廠3という比率でこの2社から得ていたと推定される。

5　むすび

以上みてきたところから，豊田紡織㈱の展開過程と豊田家の高所得形成のメカニズムについての「新たな知見」として以下の諸点を指摘することができよう。

第一に，豊田紡織㈱は，株式所有と経営陣の構成からみて，終始豊田佐吉家と佐吉の事業を個人的に支援してきた三井物産の元幹部社員藤野亀之助家と児玉一造家の共同事業会社的色彩を色濃く帯びていた。既に紹介したように，同社の「社史」は，豊田家「一族一統」の「水入らず」の関係を強調しているが，平吉，佐助という二人の弟達との株式所有，経営支配における関係から見ても，豊田佐吉家，藤野家，児玉家の強い結びつきこそが強調されるべきであると思う。しかし，このこととともに，あるいはこれ以上に注目すべきは，同社の経営陣の構成において，創業ファミリーの中から，利三郎，喜一郎という優れた経営者が現れて経営をリードするとともに，西川秋

次以下，多数の優れた従業員を役員に登用して，時代の変化に対応した戦略を積極的に展開したことである。

　第二に，紡績業界における同社の地位についていえば，会社設立直後の1918年下期（同年末）における同社の紡織設備合計（換算錘数合計）でみたランキングは，紡聯加盟会社60社中16位で，数多い中規模紡績会社のひとつでしかなかったが，日中戦争勃発直前の1937（昭和12）年上期（同年6月末）には，子会社㈱豊田紡織廠も含めると，日本内地と中国を合計した設備規模で，日系紡績会社中11位に上昇していた。この時期には，6大紡，在華紡トップの内外綿，中堅紡の雄錦華紡績，福島紡績に次ぐ有力中堅紡績会社のひとつにまで成長していた。

　第三に，経営戦略においては，多工場化，多角化，多国籍化という大紡績会社の戦略をフルに展開し，紡織機械製造業への後方統合戦略という他に見られない戦略も採用された。東洋紡績，大日本紡績，鐘淵紡績以外の大紡績や有力中堅紡績と比べて，この戦略の広がりは特筆に値する。

　最後に，企業のパフォーマンスについてみると，豊田紡織㈱の利益率は，紡績連合会加盟会社全体の利益率よりも大幅に低かったが，利益を生み出す前提としての製品等の売捌益の固定資産に対する比率を見ると，豊田紡織の比率は5大紡のいずれよりも際立って高かった。そして，この高い売捌益率は，貿易商社との綿花や綿布の取引において豊田紡織が他社よりも有利な立場に立っていたこと，綿布の機械に対する生産性においても同社が大紡績よりも優れていたこと，紡織機械の調達においても同社が他社よりも有利な立場に立っていたことによって支えられていた。この高い売捌き益率こそが，豊田紡織㈱の多額の試験研究費や製品開発費，減価償却費，役員報酬の支払いを可能にすることによって企業の競争力を強化するとともに，競争力のある在華紡子会社からの役員報酬と相まって役員の高所得をもたらした。そして，株主の配当について言えば，配当率は低かったとしても，大株主の持ち株率が他社の大株主に比べて際立って高かったが故にそれなりの高配当を得ることが可能になった。企業の競争力の強化がこのような高配当を持続させる条件となったことは言うまでもない[4]。

要するに，豊田紡織㈱は，人材，戦略，経営成果のすべてにおいて中堅紡績の域を超える内実を備えたエクセレントなオーナー・カンパニーだったのである。

[注]
1) ㈱阿部市商店の株主構成は不明であるが，役員構成は次の通りである。(取締役) 阿部市太郎　同房次郎　同藤吉　(監査役) 阿部房雄　同孝次郎。取締役に1　監査役に0.5という持ち点を与え，仮にこの比率で株式を所有していたとすれば，阿部房次郎の株式持ち分は，全体の4分の1である。また，寺田 (名) の場合は，寺田甚与茂が代表社員で，資本金の50%を出資していた (「銀行会社要録」第30版, 1926年6月)。
2) ここでの説明は，豊田佐吉の高配当収入について，高い株式保有率が高配当収入を生んだという論理を展開しており，高い株式保有率が豊かな富を前提とする限り，豊かな富が高収入を生んだというトートロジーになっているという印象を与えかねないが，ここで前提となっているのは，豊田紡織㈱の高い売捌き益率であり，これこそが同社の競争力の源泉であり，同社をいわば封鎖的に所有・支配していた豊田佐吉家ファミリーの高所得の源泉でもあったのである。その上で，われわれは，豊田佐吉の豊田紡織㈱に対する株式所有に注目して，大紡績会社の社長達のそれぞれの本拠である会社に対する関係との比較で，際立って高い株式所有比率の故に，会社が支払う配当金がはるかに少ないにもかかわらず，豊田佐吉が大紡績会社の社長グループに仲間入りするレベルの配当収入を得ることができたことを明らかにした。配当収入に関する記述は，あくまでも株式所有関係にみられる豊田紡織の特徴を大紡績と比較しつつ論じ，あわせて会社の規模が小さく，その上配当率も低い豊田紡織から，豊田佐吉がどうして大紡績会社のそうそうたる社長達と肩を並べる配当収入を得ることができたかを説明しようとしたものである。
3) この点数は，もちろん便宜的なものであるが，役員報酬は企業の最高機密に属するものである以上，役員の地位に応じたその額を関係者以外が知ることは不可能である。しかし，その地位に応じて責任の軽重はあるから，その点を考慮して一定の点数をつけ，各人の報酬額についておよその見当をつけることはできるのではないかと考えている。ここでは，まず取締役に1，社長に2という点数を与えた上で，常務，専務にはその中間として1.5，監査役には取締役の半分として0.5という点数を与えた。
4) 本章は，豊田家の自動車事業への進出の資金的背景について，1930年代までに蓄積された豊田家の富があったことを前提として，この富をもたらした豊田家の高所得がどのようにして形成されたかを中心的に論じているが，1937年上期における東洋棉花㈱の豊田紡織㈱への資本参加について，「豊田家が自動車事業へ進出する過程で，三井財閥系の有力商社である東洋棉花㈱との関係を強化する必要が生じた」(5ページ) とも述べている。そこで，東洋棉花㈱の資本参加が，豊田家の自動車事業への進出に際して資金的にどの程度の意味を持ったか，という問題が提起され得る。この問いに本格的に答えるためには別稿が必要であるが，とりあえず，ここで以下の事実を指摘することはできる。
　豊田家の事業の中で，自動車事業への進出を準備したのは㈱豊田自動織機製作所だったが，同社は1933年9月1日に自動車部を設置して自動車事業への進出の準備を開始し，1937年8月27日に設立されたトヨタ自動車工業㈱にこの自動車部門を譲渡した。この間，自動車部設置の直前の決算期末である1933年3月末から自動車部門譲渡の直前の決算期である1937年3月末にかけて，同社の固定資産が766万3千円，払込資本金が800万円増加した。大まかに言って，自動車部の設備投資が払込資本金の増加 (増資及び払込資本金の徴収) によって賄われた

のであるが，この払込資本金の増加のうち，300万円は㈱豊田紡織廠，410万円は豊田紡織㈱によって引き受けられていた。この2社が全体の89％を引き受けていたことになる。一方東洋棉花は，1937年上期に豊田紡織㈱の株式3万7400株を引き受けたが，この価額は，1株当たりの平均単価37.5円で換算すると140万2500円であり，これは，上記の㈱豊田自動織機製作所の払込資本金の増加の17.5％を占めるにすぎなかった。東洋棉花㈱の豊田紡織㈱への資本参加は，豊田家の自動車事業への進出に際してそれなりの貢献をしていたが，所要資金の大部分は，東洋棉花㈱以外の豊田佐吉家を中心とする人びとによって供給されていたと考えられるのである（この部分の数字は，㈱豊田自動織機製作所，豊田紡織㈱の「営業報告書」によるものである）。

V

㈱豊田紡織廠の経営史

1 在華紡の形成史

　アヘン戦争（1840年）の結果結ばれた南京条約（1842年）・五港通商章程・虎門寨追加条約（1843年）によって，中国は上海・寧波・福州・厦門・広東の長江以南の沿岸5港の開港を取り決め，次いでアロー戦争（1856-60年）の結果結ばれた北京条約（1860年）によって，牛荘（営口）・天津・登州（煙台）・鎮江・南京・九江・漢口・潮州（汕頭）・寨州・台湾（基隆）・淡水の華北・長江流域を含む11港の開港を認めた。（高村1982，8-9ページ）これらを契機として，イギリス綿布，インド綿糸，日本綿糸の中国への輸入が増加したが，これらの綿糸・綿布は機械制工業の製品であり，これら製品が大量に中国市場に流入したことによって，手紡や手織りに依拠していた農村家内工業が解体されたから，この過程は先進国からの機械制工業製品の流入による新たな国内市場の創出を意味していた。そして，やがてこの市場を対象とする近代的紡績工場（会社）が中国にも登場してきた。1882（明治15）年に官僚が経営・人事の実権を握る官督商弁の形態で上海機器織布局が設立され，経理の乱脈や首脳部の内紛等によって計画より大きく遅れたものの1890年に開業にこぎつけた。織布局は，設立に際して，以後10年間は同種企業の設立を認めないという特権を認められていた。次いで1888年に，この方針の例外として，湖北織布局（官弁）と華新紡紗新局（上海，官商合弁）が設立された。前者は上海とは離れた遠隔の地であるという理由，後者は資金難の織布局に資金を提供するという条件で例外が認められたもの

であった。(高村 1982, 33-34 ページ) 洋務官僚主導ではあれ，これらの企業の活動によって中国における近代的紡績業が始まったことは確かである。

そして，日清戦争に伴う 1895 (明治 28) 年の下関条約によって，開港場・開市場において日本人が製造業を営むことが認められ，最恵国条款によって欧米諸国もこれに均霑した。この状況の下で，1895-96 年に，大阪地方を主とする紡績会社と貿易商社の重役によって東華紡績㈱ (資本金 300 万円)，三井家を中心として上海紡績㈱ (資本金 100 万円) という 2 つの日系の紡績会社が設立されたが，前者は 1897 年に解散し，後者は結局工場を日本国内に建設する方針に転換して，1899 年に鐘淵紡績に対等合併された。一方欧米勢はこの機に乗じて，イギリス系の怡和紡績会社，老公茂紡織会社，アメリカ系の鴻源紡織会社，ドイツ系の瑞記紡績会社という 4 つの紡績会社をいずれも貿易商社の傘下に設立して上海で開業した。これらの欧米系紡績会社は中国に定着して操業を継続したので，「紡績業は利潤のあがる有利な企業だとの認識が商人の間に広が」り，1896 年から 99 年にかけて中国は民族資本紡の形成第 2 期ともいうべき企業設立ブーム期を迎えた。(高村 1982, 36-38 ページ)

日系の在華紡績会社として本格的に操業した最初の会社は，1902 年設立のイギリス会社法にもとづく上海紡織有限公司 (公称資本金 50 万両) だった。同社は，経営主である中国人綿花商が破綻したため債権者である露清銀行から売りに出されていた紡績会社を，三井物産上海支店長の山本条太郎が得意先であった中国人綿糸布商と共同して買収したものだった。この買収は山本の独断によるもので，山本が本社社長益田孝の許可を得るのに 6 カ月かかり，結局 1909 年 3 月になって，三井営業店重役会が，三井物産による同社への一部出資と同社の代理店引き受けを認めた。三井物産の持株率は 10% だった。三井物産上海支店はさらに，1905 年以来上記の中国人綿糸布商と共同で官商合弁の大純紗廠から年 5 万両の賃借料を払って工場を借受け，三泰紗廠と称し，代理店としてその経営に当たったが，同年中に 12 万両の純益をあげることができたので，翌年 4 月これを 40 万両で買収し，三泰紡績会社 (資本金 50 万両) を組織した。三井物産の持株率は同じく 10%

だった。次いで三井物産上海支店長で上海紡織公司の会長だった山本は，1905（明治38）年に三泰紡績を上海紡織に合併させて資本金100万両（全額払込）の会社とし，三泰紡績は上海紡織の第2工場となった。（三井物産株式会社 1978, 275-276 ページ）

上海紡織に次いで第2番目の在華紡会社となったのは内外綿㈱だった。同社は元来は主として中国綿花を扱う綿花商だったが，途中から綿紡績業への進出を企て，まず日本国内で 1903 年に大阪撚糸㈱, 1905 年に日本紡織㈱を買収して，それぞれを第1, 第2工場とし，さらに 1909 年 7 月には上海に工場を建設することを決定して，1911 年 11 月からその全運転を開始して，これを第3工場とした。そしてその後上海に第4, 第5工場を建設して，1914 年 11 月には上海に 3 工場 11 万錘の紡績設備を擁する上海の有力紡績会社に急成長した。（高村 1982, 87 ページ）

さらに，第3番目の在華紡として 1918 年に日華紡織㈱が設立された。同社の資本金は 1000 万円（20 万株，払込 400 万円）で，「出資者は富士瓦斯紡績社長の和田豊治・日本綿花（1 万株）・伊藤忠合名（1 万株）・川崎（1 万株）などで，……設立後三ヶ月で『買弁組織ヲ廃止』し，翌年には三万錘増錘と工場電化に着手し，二一年には日本綿花系の台湾紡織（ラミー工場）を合併するなど設備を急速に拡大した。」「同社は鴻源紡織（六万一〇〇〇錘，五〇〇台。アメリカ系→ドイツ系→イギリス国籍）を一三〇万両で買い取った」洋反物・毛織物商の河崎助太郎からこれをそのまま買収して発足したのである。（高村 1882, 103 ページ）

これらの在華紡先発3社に共通して，大紡績の参加が未だ見られず，基本的には貿易商社が中心になっているという特徴が認められる。上海紡織の中心は明らかに三井物産であり，内外綿は紡績事業に転身しつつあったが，出自は商社であり，在華紡へ進出するための資金は過去の商社活動で蓄積されたものが原資であったと推定できる。日華紡には富士紡の和田が社長として参加しているが，大株主の上位に日本綿花，伊藤忠，川崎助太郎など関西系の有力商社が名を連ねていることから見て，経営の主導権は商社系にあったと判断される。

商社主導型の在華紡の経営は比較的順調で，第一次大戦直前の 1913（大正 2）年に既に紡績設備 10 万錘台を数え，中国の紡績設備におけるシェアも，中国紡 58.8％，欧米紡 27.6％に対して 13.6％に達していた。（高村 1982, 92 ページ）発足後約 10 年という期間にしては相当の成果とみることができよう。そして，第一次大戦期には，大戦に伴って綿糸輸入量が減少したため，中国紡績業は未曾有の好況に恵まれ，在華紡も急成長し，1913 年から 1919 年にかけて，その紡績設備は 11 万 2000 錘から 33 万 3000 錘へ 3.0 倍に，織布設備は 886 台から 1986 台へ 2.2 倍に増加し，全国合計に対するシェアも 1919 年には，紡績設備で 22.7％，織布設備で 25.0％に達していた。（高村 1982, 98 ページ，表 6）

第一次大戦中・後のブーム期における在華紡の経営は好調で，1909 年から 1920 年に至る時期における上海紡織と内外綿の払込金利益率の推移を国内の紡績聯合会加盟会社合計のそれとの比較を示した表 5-1 に明らかなように，内外綿の利益率は，1913 年以前の 5 年間の平均で 28.4％だったが，1917 年以降，89.1％，125.7％，193.0％，259.2％と大幅に戦前水準を上回り，国内会社合計との比較でも，大戦中・後は 1917 年から 1920 年まで一貫してそれを超えていた。上海紡織の場合でも，戦前 5 年間の平均 27.2％を 1914 年の 45.8％，1918 年の 43.4％，1919 年の 65.5％と上回り，1920 年については利益率のデータが欠けているが，代わりに配当率を見ると，戦前平均の 13％を 1920 年の 47％が大幅に上回っていた。また国内会社合計との比較では，利益率で 1914 年，配当率で 1920 年（上海紡織が 47％，国内会社合計が 43.1％）に上海紡織が国内合計を超えていた。（高村 1982, 87 ページ，表 5）第一次大戦中の後半から 1919 年の戦後ブーム期にかけて日本国内の紡績業が未曾有の好景気に沸いていたことを思えば，これらの数字は在華紡経営の好調ぶりをまさに雄弁に物語っているといえる。

ところで，この過程で「日本の対中国綿糸輸出量は，1914（大正三）年を頂点に減少していった。それは直接的には綿布用の内需が旺盛になったためであったが，その底流には，日中の競争条件の変化が横たわっていたのである。すなわち，この頃を境として日中の賃銀格差の拡大と，在華紡を中心と

する中国紡績業の生産能率の引上げとによって，日本紡績業の賃銀コストにおける優位は失われていったのである。」（高村 1982，112 ページ）これに加えて，中国における綿糸輸入関税の引上げという問題が登場してきた。中華民国政府は，1912（大正元）年以来輸入関税の引上げを要求し，欧米列強はこれを容認したものの，日本などが反対したため未だ実現されていなかったが，1917 年に中国の連合国側への参戦に関連して改めて問題となり，時の寺内内閣は，段祺瑞政権を援助する方針からこれを容認したため，中国は 17 年 8 月に対独参戦し，関税の現実 5 分への引上げが 19 年 8 月から実施された。またこの改訂に際しては，戦後 2 年を経過して再改訂するとの取り決めもなされており，関税の一層の引上げは避けられない見通しとなっていた。（高村 1982，114 ページ）

さらに，1919 年秋にワシントンで第 1 回国際労働会議が開かれ，女子の深夜業を禁止したベルン条約（1905 年）への各国の加盟が問題となり，日本は当面例外扱いを認められたが，日本の国際的立場からすると，これを長く避け続けることは困難であった。そこで，1923 年 3 月に改正工場法が公布されて，3 年間の猶予付きで女子と 16 歳未満の少年について午後 10 時から午前 5 時に至る深夜業が禁止されることになった。（高村 1982，115 ページ）

この中国における関税の賦課・引上げと日本における女子の深夜業禁止は，日本から中国への綿糸・綿布の輸出を一層困難にするので，中国への綿糸・布輸出を市場拡大の重要な手段としてきた日本の綿紡績業は，これへの対策を迫られ，1920 年の戦後恐慌以降大紡績を中心に雪崩を打って中国へ進出した。商社主導の在華紡から大紡績主導の在華紡への転換である。この過程を，進出計画の着手年の順に並べるとおよそ以下の通りである。（高村 1982，118-119 ページ，表 7）

着手年	会社名	開業年	進出地域
1918 年	同興紡織	1923 年	上海
1919 年	豊田紡織廠	1920 年	上海
	大日本紡績	1921 年	上海・青島

	上海製造絹糸	1922 年	上海
	日清紡績	1923 年	青島
1920 年	東華紡績	1921 年	上海
	富士瓦斯紡績	1924 年	青島
1921 年	東洋紡績	1923 年	上海
1922 年	長崎紡織	1924 年	青島
1923 年	満洲福紡	1925 年	大連
1924 年	満洲紡績	1924 年	遼陽
	泰安紡績	1925 年	漢口

このリストで着手が一番早いのは同興紡織になっているが，同社の親会社の大阪合同紡績が工場用地を取得したのが1918（大正7）年で，1920年に子会社として同興紡織㈱が資本金1500万円（払込375万円）で設立された。株数30万株のうち25万株が合同紡株主に割り当てられた。1922年初めから工場の一部操業を始めたが，イギリスのストライキで紡機の到着が遅れたため，完全操業は翌年に繰り延べられた。（高村 1982, 121-122 ページ）したがって，反動恐慌後の紡績主導の在華紡進出の先駆けとなったのは豊田紡織廠であった。

このリストに登場している12社のうち東華紡績，満洲紡績，泰安紡績を除く9社はいずれも，それ自体もしくはその親会社が日本の紡績会社であったが，このうち在華工場が内地の会社の分工場であったのが，大日本紡績，日清紡績，富士瓦斯紡績，東洋紡績，長崎紡織の工場で，他は中国に設立された子会社の工場となっていた。同興紡織，豊田紡織廠，上海製造絹糸のケースがそれである。この9社のうち6社がいわゆる7大紡に属していた。7大紡のうち倉敷紡績だけが土地を取得した後に計画を取りやめた（高村 1982, 116 ページ）が，残る6社はすべてこの時期に中国への進出を実現したのである。この6社の進出先を見ると，大日本紡績だけが上海と青島の両方に，同興紡織（大阪合同紡績），豊田紡織廠（豊田紡織），上海製造絹糸（鐘淵紡績），東洋紡績の4社が上海，日清紡績，富士瓦斯紡績の2社が青島にそれぞれ進出していた。そして，大紡績以外では，7大紡に次ぐ地位

につけていた中堅紡績トップ・クラスの満州福紡（福島紡績）が関東州（大連），同中位の豊田紡織廠（豊田紡織）が上海，中小紡の長崎紡織が青島に進出していた。

　残る3社のうち泰安紡績は日本綿花㈱社長の喜多又蔵が株式の93.5％を所有する日本綿花系の会社として1924（大正13）年に資本金500万円（払込375万円）で設立され，漢口に工場を建設していた。（紡織雑誌社「日本紡織要覧」1929年，748ページ）このほかの2社は，以上述べてきた紡績会社もしくは綿花商社が単独で経営に責任を持つ会社であるのと異なり，複数の企業が共同で責任を持ついわば寄合所帯であった。東華紡績は，資本金2000万円（払込500万円）で，最大株主の伊藤忠合名でさへ6000株を所有するに過ぎず，他は多数の大阪商人に広く分散しており，中国人も経営に参加していた。満洲紡績は，資本金1000万円（払込500万円）で，富士瓦斯紡績（持株率35％）と，南満州鉄道（同25％）の共同経営体として，満州国遼陽に工場を建設した。（高村1982，123ページ）

2　豊田佐吉の日中親善論

　豊田佐吉は，豊田紡織㈱の操業が軌道に乗ったところで，1918年10月単身で上海へ出かけ，華中各地を回って中国の紡織事業をつぶさに視察した。その上で翌19年10月，「西川秋次を伴って再び上海に渡り，永住の覚悟で住居を構えるとともに紡織事業を計画して，着々と土地の買収に取りかかった。」（株式会社豊田自動織機製作所1967，73ページ）彼が最初に中国を訪れた1918年は表5-1に明らかなように，在華日本人紡績の経営が好調な時であり，上海紡織，内外綿ともにその利益率が戦前平均を大きく上回っていた。それを見て，佐吉がそこに大きなビジネスチャンスを見出したことは確かである。しかし，未だ大紡績会社が1社も進出していない中国の紡績事業に，中堅紡績中位の会社への足掛かりを得たに過ぎない豊田紡織が進出するという意思決定をわずか1年という短い期間で行うについては，佐吉の日中関係についての並々ならぬ強い思いがあったことを見逃してはならない。

表 5-1 上海紡織と内外綿の利益率の推移

	上海紡織	内外綿	国内全社
1909	17.9	27.8	21
1910	13.7	25.4	8.9
1911	13.2	12.3	15.8
1912	36.1	45.9	37.8
1913	55.2	30.6	35.7
1914	45.8	13.2	21.3
1915	23.7	26.5	28.2
1916	16.5	36.8	57.8
1917	20.9	89.1	85.4
1918	43.4	125.7	94.7
1919	65.5	193	101.9
1920	－	259.2	73.3

注）国内全社は，日本内地の大日本紡績聯合会加盟会社合計の数値。
出典）高村直助『近代日本綿業と中国』東京大学出版会，1982年，81ページ。

　原口晃の「豊田佐吉翁に聴く」（豊田紡織株式会社が所蔵している社史関係のファイル中の同書のコピーを利用した）によると，「大正七，八年の頃」「君上海に往ってくれませんか」と誘われ，原口は中国語ができるわけでもない自分が何の役にも立たないと思いその場でそれを断るのだが，そこで佐吉が自らの中国にかける思いを次のように熱っぽく語ったという。

　自分が上海に行くのは「日支親善」のためだ。今世界では，各国が互いにその利権を伸ばそうと虎視耽々相手の隙をねらい，自国の勢力範囲を広げようとしている。その中で，日本はどうしても「支那を確りと，自分の懐の中に入れなければ嘘ぢゃ」。戦争で領土を広めようとするのは昔のことで，今は「互に国民と国民とが知り合って，親しみの裡に，固い握手が出来て互に経済的に，解け合ひ，助け合ってゆく様にならねばだめぢゃ。」ところが，日本の外交には，「何処にか……相手を押へ付けようとする処が見へる，どうしても互に理解を以て，親善して行こうといふ，温かい処が見へない。」「どうすれば良いかといへば，まづ官僚外交の前に，国民外交が無ければならぬ。鎧兜を脱ぎ捨てた平民同志，国民同志が互に理解し合ひ，親しみ合ひ，互に提携して行こうと云ふ気合ひの出来た処を，外交官が形を整へてゆ

くのぢや。」「何と言っても，何方から見ても，支那は日本に取っては，実に大事な国ぢや，否でも応でも，支那とは格別の親善関係を持たねばならぬ，政治の上からも，軍事の上からも，商業経済の上からも，どうしても支那と離れることは出来ぬ，又離すことは出来ぬ。」

「然らば，如何にして親善の實を挙げるか，それは先づ實業家が奮発することぢや，てんでんでの商売を持って，支那に出掛けることぢや，支那人の中に一緒に生活することぢや，支那人と共に，支那国民を相手にして，商売をすることぢや，彼我利害を共通にして，日本人の精神，日本人の性質を理解して貰ふと共に，日本人も亦支那人の，心持ちの真相を理解することぢや，其の相互の理解が一致して，提携となり，親善となり，唇歯輔車の関係が此処に出来上るのぢや，」「それで今度は家族と共に上海に居住し，大に彼の地に事業を起し，彼の国民を事業に干与せしめ，懇切に是を指導し，満足とゆかぬまでも，豊田はこすいと思はれぬように，彼等にも利益を得せしむるの機会を与へ，狭しと雖，又少しと雖，自分の事業に関係する範囲の人間だけには，日本人の真精神，日本人の純性格を理解せしめ，共に楽しんで，日々の業務に精出す様に，指導したいと思って居る。」

このように，實業を介しての民間外交が重要だが，それを行う上で気をつけるべきことが 2 つある。ひとつは事大主義の傾向がある中国人とつきあうには「其れ相応の用意が無ければならぬ。」自分も「今迄は，栄生町の工場の二階で職工生活をして，見栄も外聞も構はず，仕事一天張りで通して来たが，支那に住っては，先づ外観を整へて，彼の日本人はえらいなあと思はしめ，信ぜしめるだけの外形を整へねばならぬ，先づ住ひの構へが大事ぢや，上海に於ける日本人中，一番宏壮雄大な邸宅に陣取る積りぢや，是は自分が實業の立場から，国民外交をやる上に欠くべからざる武器ぢや。」「それから第二の方寸は，事業上成るべく多くの支那人を雇ふことだ，そうして，先づ此等の従業者に，成るべく多く儲けしめることだ，苟且(かりそめ)にもあの日本人も，引ったくりぢやなど云ふ感想を持たしめぬことぢや，……自分の収むべき利益を，聊かでも薄くして，是を彼等に分つことだ，而して以て，彼等を喜ばしめることだ，日支人相互の理解は，斯る機微の間より発生する。」

「日本の實業家が，斯様な心持ちで，支那に出掛けるならば，事業は必ず成功し，所謂国民外交の端緒は，此処より開け行くものと確信して居る，それで今度の上海行は，全く日支親善の下働きの覚悟ぢや。」

このように實業を介して日中親善をするという強い信念をもっていたからこそ，佐吉は，華中の紡織業を初めて視察した時に，その活況を目の当たりにして，直ちに中国への進出を決意し，日本へ帰ってから家族に自分の考えを伝えた。当然のことながら，反対論や慎重論が多かったが，彼はそれを押し切って進出を決断し，翌1919（大正8）年10月には西川秋次を伴って再び上海に渡り，宏壮な邸宅を構えるとともに，工場用地の買収に乗り出した。この買収と工場の建設には，西川の友人で貿易商社の高田商会を辞めて三井物産上海支店に勤務していた古市勉が全面的に協力した。

この「豊田佐吉翁に聴く」では，以上のような實業による民間外交論に加えて，日本綿業のあり方について，第一次大戦期までの日本の職工賃金の急上昇によって日中の賃金格差が拡大して，日本の紡績業の競争力が低下し，この傾向は今後も進むと思われるので，日本の企業が中国に進出しないとその将来は悲観的である，日本の紡績業が綿布のコストを引き下げて競争力を強化すれば，将来綿布を世界中に輸出することも可能であり，今や障子を開いて世界を見る時である，旨も強調していた。しかし，この聞き書きで独自のものとして強調すべきは，實業による民間外交論であり，少年時代に発明を通じて世のため，人のために尽くしたいと考えて織機の発明を志して以来の，佐吉の強烈な使命感，報国意識が一貫していることをそこに見ることができる。また，彼が自らが経営する企業を中国へ進出させる際に，家族を含めて「半永住」のかたちで上海へ移った際に選んだ住居が「宏壮」で，「第一次世界大戦以前はドイツ人の所有で芝生にテニス・コート十面もとれる程広く，地下一階，地上三階の豪華な邸宅であった」（塚本助太郎『人生回り舞台』22ページ）というが，それまでの住居が紡績工場の2階であったことを考えると，これは私生活の格段の飛躍であり，佐吉が上海への進出にかけた強い覚悟をそこに読み取ることができる。

3 ㈱豊田紡織廠の設立

　佐吉は，1年以上かけて上海の極司非而路に約2万坪の土地を手に入れ，工場建設に着手し，1920（大正9）年建坪約1万坪の大紡績工場を完成した。この工場は約1年間佐吉の個人事業として経営され，1921年11月29日に法人化されて㈱豊田紡織廠となった。資本金は上海銀1000万両（払込金500万両）で，その株主は，1922年4月末現在以下の通りであった。（株式会社豊田紡織廠「株主名簿」1922年4月30日現在）

豊田紡織㈱	70,000 株	35.0%
豊田佐吉	40,000	20.0
藤野つゆ	32,000	16.0
豊田利三郎	25,000	12.5
児玉一造	18,000	9.0
豊田喜一郎	7,000	3.5
児玉米子	5,600	2.8
豊田佐助	500	0.25
その他	1,900	0.95
合計	200,000	100.00

豊田紡織が最大株主で全体の35％を所有し，個人株主では，豊田佐吉家の三人（佐吉，利三郎，喜一郎）が36％，藤野家が16％，児玉家（一造，米子）が11.8％を占め，これら三家の合計が全体の63.8％に及んでいた。㈱豊田紡織廠の場合も，豊田佐吉家，藤野家，児玉家の共同事業会社的色彩が濃厚な株主構成になっていたといえる。一方，役員の構成をみると，1922年5月末現在で，社長豊田佐吉，取締役豊田利三郎，児玉一造，西川秋次，石黒昌明，監査役藤野つゆ，豊田喜一郎，村野時哉，鈴木利蔵だった。（株式会社豊田紡織廠「第一回営業報告書」）役員の構成は，一面では株主構成をそのまま反映していたが，他面では，西川，石黒，村野，鈴木という実力ある従業員を登用するものになっていた。そして，その中でも西川，石黒の

2人は現地に駐在して紡織廠の経営の実務を取り仕切っていた。このうち西川は，既に述べてきた通り佐吉の遠縁の東京高等工業紡織科卒の技術者で，佐吉の初めての外遊に同行しアメリカで約2年間紡織業の経営について学んだ経験と，佐吉の許で自動織布（自動紡織）工場を実際に経営してきた経験を有していた。一方石黒は，かつて伊藤忠上海支店に勤務しており，この伊藤忠商店のマニラ支店に佐吉の娘婿になった豊田（かつての児玉）利三郎が勤務しており，また利三郎の兄の児玉一造と東亜同文書院時代に同じクラスだったという縁から児玉一造と伊藤忠社長の伊藤忠兵衛にすすめられて㈱豊田紡織廠に入社していた[1]。後にこの2人がともに専務取締役や常務取締役に昇進していることからみて，紡織廠の経営の実務はこの2人が取り仕切っていたと判断される。本体の豊田紡織㈱と比較して，豊田佐吉家，藤野家，児玉家の共同事業的色彩が濃厚である点は共通していたが，従業員であるこの2人に経営の日常的実務が委ねられている点は異なっていた。現地に蜜着した経営を志向した佐吉の感覚がここにもうかがわれる。

　豊田紡織廠のスタートで注目すべきは，既に指摘したように，第一次大戦後における紡績会社の中国への進出の先頭を切ったということである。この結果，表5-2に明らかなように，豊田紡織廠は1924（大正13）年における上海所在の在華紡工場の中で，「既開」の紡績設備（錘数）において，第一次大戦期までに進出していた先発3社（内外綿，日華紡績，上海紡織）を別にすると，第1位に位置し，大紡績系の裕豊紡績，同興紡織，大康紗廠，公大紗廠を凌駕していた。

　また，各社の発足時の設備が完成した後の1927年における上海所在の各社の工場の紡績・織布設備の設置状況を示した表5-3をみると，紡織比率（紡機錘数の織機台数に対する比率）が64.1だったが，これは内地に所在する豊田紡織㈱の比率40.1に近かった。内地の紡績会社の場合，「綿糸紡績事情参考書」によって，産出綿糸の出来高，兼営する織布工場の原糸需要高が分かるので，織布原糸消費出来高／綿糸出来高によって紡織工程の統合の程度を知ることができるが，豊田紡織ではこの比率が1927年には100.7％になっていた。豊田紡織では，製造された綿糸はほとんどが兼営織布の原料

3 ㈱豊田紡織廠の設立　89

表 5-2　在華紡の設備状況（1924 年）

会社名	工場数	上海				
		紡機		織機	
		既開	未開	既開	未開
上海紡織	3	90,570	5,848	1,829	40
日華紡織	4	97,408	10,400	500	—
内外綿	11	223,784	38,200	1,600	—
東華紡績	3	45,440	—	—	—
同興紡織	2	41,600	28,000	—	952
公大紗廠	1	10,000	30,000	—	—
大康紗廠	2	15,000	43,928	—	—
豊田紡織廠	1	60,000	—	—	500
裕豊紡績	1	45,600	—	—	—

会社名	工場数	青島			
		紡機		織機	
		既開	未開	既開	未開
内外綿	3	63,000	—	—	—
富士紗廠	1	30,000	—	—	—
大日本紡績	1	33,000	35,000	—	—
鐘淵紡績	1	40,000	—	—	—
日清紡績	1	20,000	—	—	—
長崎紡織	1	20,000	—	—	—
大康紗廠	1	12,000	38,000	—	—

出典）上海市棉紡織工業同業公会籌備会発行「中国棉紡織統計史料」1950 年, 23, 25 ページ。

表 5-3　上海在華紡の紡織比率（1927 年）

会社名	紡機（A）	織機（B）	A/B
上海紡織	96,424	2,187	44.1
日華紡織	107,808	500	215.6
喜和紡績	111,424	—	—
内外綿	265,876	1,600	166.2
東華紡績	45,440	—	—
同興紡織	69,600	1,040	66.9
公大紗廠	83,352	1,423	58.6
大康紗廠	58,080	—	—
豊田紡織廠	61,536	960	64.1
裕豊紡績	48,000	—	—
合計	947,540	7,710	122.9

出典）「中国棉紡織統計史料」28 ページ。

として消費されており，この時の紡織比率が 40.1 だったのである。このことから類推すると，豊田紡織廠の場合，紡機の生産性と織機の原糸の消費率（1 台当たりの原糸消費量）が豊田紡織と同じと仮定すれば，織布原糸消費高／綿糸出来高は 100.7% ×（40.1÷64.1）= 63.0% となる。豊田紡織廠では，製造された綿糸の 6 割強が兼営織布部門で消費され，4 割弱が社外に販売されていたと推定できる[2]。

そこで，同社がどのような綿糸や綿布を生産していたか，が問題であるが，番手別の綿糸の生産高について，1927（昭和 2）年 5 月分のみであるが，表 5-4 のようなデータがあり，これによると以下の事実が明らかであ

表 5-4　上海紡績会社の番手別綿糸生産高（俵，1927 年 5 月）

番手 会社名	6	8	10	12	14	16	20	32	40	42	合計
内外綿							(44) 3,000	(22) 1,500	(19) 1,300	(15) 1,000	(100) 6,800
日華紡織						(41) 4,500	(50) 5,500	(4) 400		(5) 550	(100) 10,950
東華紡績						(61) 1,400	(39) 900				(100) 2,300
大康紗廠			(12) 500				(80) 3,200			(8) 300	(100) 4,000
豊田紡織廠	—		(13) 350			(44) 1,200	(44) 1,200				(100) 2,750
同興紡織										(100) 900	(100) 900
公大紗廠						(55) 1,100		(20) 400		(25) 500	(100) 2,000
上海紡織		(5) 200				(88) 3,500	(8) 300				(100) 4,000
裕豊紡績						(38) 1,300	(62) 2,100				(100) 3,400
日本紡小計		(1) 200	(2) 850			(35) 13,000	(44) 16,200	(6) 2,300	(4) 1,300	(9) 3,250	(100) 37,100
中国紡小計	(1) 270	(1) 540	(30) 12,798	(11) 4,779	(10) 4,158	(29) 12,285	(18) 7,095				(100) 42,525
英国紡小計	(8) 945	(4) 405	(12) 1,350	(2) 270	(5) 540	(45) 5,130	(24) 2,700				(100) 11,340
合計	(1) 1,215	(1) 1,145	(16) 14,998	(6) 5,049	(5) 4,698	(33) 30,415	(29) 26,595	(3) 2,300	(1) 1,300	(4) 3,250	(100) 90,905

注）かっこ内は，各社合計に対する各番手の生産高の百分比（%）。
出典）横浜正金銀行上海支店「上海時報」第 63 号。

る。まず中国全体を見ると，生産高合計に対する比率で，16手が最高で33％を占め，これに20手の29％，10手の16％が次いでいた。これに対して，日本人紡績では，20手が最高で44％を占め，これに16手の35％が次いでいて，このふたつで全体の8割を制していた。16，20手が中心であることは共通していたが，中心のウェイトが中国全体では16手，日本人紡では20手にかかり，中心への集中度も中国全体の62％に対して，日本人紡は79％に及んでいた。この日本人紡績の中で豊田紡織廠は，16手と20手でそれぞれ44％を生産し，このほかに10手の極太糸を13％生産していた。日本人紡績の中では，中国全体に近い綿糸の番手別生産高の分布を示していたといえる。また，兼営織布部門で生産した綿布の種類については，製品の商標から，細布と粗布であることが明らかである。豊田紡織廠は，16手，20手の綿糸を使った平織りの生地綿布を製品として販売していたと考えられる。そして，製造した綿糸の一部（おそらくは10手の綿糸の全部と16手の綿糸の一部）を土布用原糸として外部に販売していた。

4　㈱豊田紡織廠の展開

　会社設立時から日中戦争勃発直前の1937（昭和12）年4月期にかけての㈱豊田紡織廠の成長の跡を総資本（未払込資本金を除く）と設備規模について見てみると，およそ以下の通りである。まず総資本は，1922年4月末の617万935両から1937年4月末の2091万1693両へと15年間で3.4倍に増加した。（同社「営業報告書」1922年4月期，1937年4月期）また設備規模では，1925年から1937年にかけての12年間に，紡機が6万768錘から13万8148錘へと2.3倍に，織機が400台から1928台へと4.8倍に，織機1台を紡機15錘として換算し，紡機の錘数と合計した換算錘数合計が6万6768錘から16万7068錘へと2.5倍に増加した。（大日本紡績聯合会「綿糸紡績事情参考書」各期版）この間，1934年5月から青島への進出を開始し，1935年4月から一部の作業を開始していた。（同社「営業報告書」1934年10月期，35年4月期による）

この設備拡大のテンポを評価するために，同じ期間（1925年から1937年に至る期間）における豊田家の紡織事業の本拠である豊田紡織㈱の設備の増加率と比べてみると，同社では，紡機が3万4080錘から18万3788錘へ，織機が928台から4572台へ，換算錘数合計が4万8000錘から25万2368錘へと5.3倍に増加していた。これだけを見ると，設備全体の規模を示す換算錘数合計で，紡織廠の増加率（2.5倍）は，本拠である内地の紡織会社の増加率（5.3倍）のほぼ半分でしかない。しかし，豊田紡織は1931年に菊井紡織㈱を合併しており，菊井紡織は佐吉の弟佐助が主宰する豊田紡織の別動隊だったから，内地における豊田家の紡織事業の規模の増加ぶりを中国におけるそれと比べるには，1925年における豊田紡織と菊井紡織との合計の規模を，1937年における豊田紡織の規模と比べるべきだろう。そうすると，1925年における菊井紡織の紡機は3万8628錘，織機は588台だったから，同社の換算錘数合計は4万7448錘，2社合計は9万5448錘となり，これを1937年における豊田紡織の換算錘数合計25万2368錘と比べると，増加倍率は2.6倍となる。豊田紡織廠は，会社創立後，内地における豊田家の紡織事業とほぼ同じテンポで設備を増強していたといえる。(「綿糸紡績事情参考書」1925年上期，1937年上期)

このような設備増設の結果，豊田紡織廠が日中戦争勃発直前の時期までに到達した地点を，在華紡における同社の地位について見てみるとおよそ表5-5の通りである。ここで，表5-5は会社別に換算錘数合計を示している。換算値は，撚糸錘数1錘＝紡機1/3錘，織機1台＝紡機15錘である。表5-5の値は，撚糸機，織機の換算錘数と紡機の錘数の合計値である。表5-5によって1937年における在華紡の換算錘数合計の値を順に並べると，① 内外綿，② 上海製造絹糸（公大），③ 上海紡織，④ 大日本紡績（大康），⑤ 日華紡織，⑥ 裕豊紡績，⑦ 同興紡織，⑧ 豊田紡織廠，⑨ 満洲紡績，⑩ 日清紡績（隆興），⑪ 長崎紡織（宝莱），⑫ 東華紡績，⑬ 富士瓦斯紡績（富士），⑭ 満洲福紡，⑮ 泰安紡績のごとくである。豊田紡織廠は第8位であり，それより上位に位置している7社のうち，内外綿，上海紡織，日華紡織の3社は在華紡専業の会社であり，残る4社，上海製造絹糸（鐘淵紡績），

表 5-5 在華紡の設備 (換算錘数合計) 状況 (1937 年 6 月末)

地域 会社名	上海	青島	その他	合計	順位
内外綿	375,178	94,133	109,664	578,975	1
大日本紡績	149,587	181,404		330,991	4
上海製造絹糸	151,347	193,176	109,930	454,453	2
上海紡織	263,374	77,336		340,710	3
裕豊紡績	210,277		30,892	241,169	6
日華紡織	293,403			293,403	5
東華紡織	43,120			43,120	12
豊田紡織廠	126,128	43,740		169,868	8
同興紡織	130,380	48,000		178,380	7
満洲福紡			29,860	29,860	14
満洲紡績			95,095	95,095	9
泰安紡績			29,316	29,316	15
富士瓦斯紡績		38,693		38,693	13
長崎紡織		47,320		47,320	11
日清紡績		53,060		53,060	10

注) 錘数換算は、撚糸錘数 1 錘＝紡錘 1/3 錘、織機 1 台＝紡錘 15 錘として、紡糸錘数＋換算撚糸錘数＋換算織機台数を求めた。
出典) 大日本紡績聯合会「綿糸紡績事情参考書」1937 年上期。

大日本紡績，裕豊紡績（東洋紡績），同興紡織（大阪合同紡績）（以上のカッコ内は親会社名）は，4大紡か，もしくはその子会社である。そして，豊田紡織廠と7位の同興紡織との差は小さく，逆に9位の満洲紡績との差はかなり開いている。豊田紡織廠は，在華紡の中で，在華紡専業で中国への進出が早かった（第一次大戦中以前であった）3社と，内地の紡績会社の中でトップを走っていた4大紡に次ぐ地位を占め，内地の紡績業で4大紡を含め7大紡と呼ばれていたグループに属する富士瓦斯紡績や日清紡績，中堅紡績の雄福島紡績より上位に位置していた。豊田家の中国紡績業にかける強い思いをここにうかがうことができる。

5 大株主と経営陣の変化

以上のような会社成長の過程で，当社の大株主の構成にもかなりの変化が生じた。その過程を一覧表にして示すと，およそ表5-6の通りである。ま

表 5-6　大株主構成の変化

株主名	1922年4月	1922年10月	増減	1926年10月	増減	1927年4月	増減	1936年4月	増減
豊田紡織㈱	70,000	70,000	—	70,000	—	70,000	—	70,000	—
豊田佐吉	40,000	34,000	△6,000	34,594	594	10,174	△24,420	—	△10,174
豊田利三郎	25,000	21,030	△3,970	21,068	38	1,038	△20,030	3,125	2,087
豊田喜一郎	7,000	10,500	3,500	10,500	—	10,500	—	27,587	17,087
豊田平吉	—	4,000	4,000	4,000	—	4,000	—	4,000	—
豊田佐助	500	3,500	3,000	3,500	—	3,500	—	3,500	—
藤野㲀	—	31,000	31,000	31,400	400	31,400	—	19,900	△11,500
藤野つゆ	32,000	700	△31,300	—	△700	—	—	—	—
藤野勝太郎	—	—	—	—	—	300	300	300	—
児玉一造	18,000	18,000	—	18,000	—	1,000	△17,000	—	△1,000
児玉桂三	—	—	—	—	—	17,000	17,000	500	△16,500
児玉米子	5,600	726	△4,874	726	—	—	△726	500	500
西川秋次	500	500	—	500	—	24,500	24,000	48,048	23,548
石黒昌明	500	500	—	500	—	20,500	20,000	16,300	△4,200
その他	900	5,544	4,644	5,212	△332	6,088	876	6,240	152
合計	200,000	200,000	—	200,000	—	200,000	—	200,000	—
株主数	13人	138人	125人	104人	△21人	104人	—	79人	△24人

注）増減は，表示されている直前の時期に対する増減を示す。1922年10月は1922年4月に対する増減を示す。1922年10月は対1922年4月，1926年10月は対1922年10月，1927年4月は対1926年10月，1936年4月は対1927年4月の増減である。

出典）㈱豊田紡織廠「株主名簿」各期分より作成。

ず，会社設立直後の1922（大正11）年4月から，半年後の同年10月にかけて，株主数が13人から138人へと増加するとともに，株主の構成では，豊田佐吉の持株が6000株，豊田利三郎の持株が3970株，児玉米子の持株が4874株それぞれ減少する一方，豊田喜一郎の持株が3500株，豊田平吉の持株が4000株，豊田佐助の持株が3000株，その他が4644株それぞれ増加した。そして，以上の減少分の合計1万4844株は，以上の増加分の合計1万5144株にほぼ等しかった。この時期の株式の移動は，佐吉，利三郎と児玉米子の持株を減らして，その減少分を，佐吉の2人の弟，平吉と佐助及びこの時期に新たに株主となった「その他」の一般株主に割り当てる形で行われていたのである。この「その他」には，安川雄之助，藤瀬政次郎等の三井物産首脳の名前が多く見出され[3]，恐らく紡織廠の幹部社員とこれらの三井物産首脳がその大きな部分を占めていたと思われる。

次に，1922（大正11）年10月から1926年10月にかけての変化は小さかったので，特に触れるまでもないが，1926年10月から1927年4月にかけては，大きな変化が生じた。豊田佐吉の持株が2万4420株，豊田利三郎の持株が2万30株それぞれ減少する一方で，西川秋次の持株が2万4000株，石黒昌明の持株が2万株それぞれ増加した。以上の減少分の合計4万4450株は，以上の増加分の合計4万4000株とほぼ等しかった。ここでは，佐吉と利三郎の持株を減らして，その分を従業員出身で取締役として紡織廠の経営を現地で取り仕切っていた西川と石黒に分与したのである。この結果，1927年4月末には，西川は12.25％，石黒は10.25％の持株率で，豊田紡織㈱（持株率35％），藤野（資）（同15.7％）に次ぐ第3位，第4位の大株主となっていた。

　最後に，1927年4月から1936年4月にかけても大きな変化が生じた。減少分では，藤野家が1万1500株，児玉家が1万7000株持株を減らし，この合計が2万8500株であった。一方増加分では，西川と石黒を合計して，差引で1万9348株の増加，佐吉，利三郎，喜一郎を合計して，差引9000株の増加，西川・石黒の分と佐吉・利三郎・喜一郎の分を合計すると2万8348株の増加となり，減少分の合計2万8500株にほぼ等しかった。利三郎と喜一郎の間の株式の配分，西川と石黒の間の持株の移動の違いが何故に生じたのか，その間の事情は全く不明であるが，この時期に2つの創業家である藤野家と児玉家がともに持株を大きく減らし，他方で創業家の中心である豊田家で佐吉の後継者である利三郎と喜一郎，従業員出身の役員でこの時期には専務取締役に昇進していた西川秋次の持株が増加したことは確かである。この間に，藤野家の持株率は，15.85％から10.1％へ減少し，児玉家の持株率は9％からわずか0.5％へ大きく減少した。児玉家は一造の死去以後紡織廠の経営から手を引き，藤野家はその経営への関与を若干低下させていたようである。かくて，1936年4末における大株主の持株率は，豊田紡織㈱35.0％，西川秋次24.0％，豊田喜一郎13.8％，藤野家10.1％，石黒昌明8.15％，豊田平吉2.0％，豊田佐助1.75％，豊田利三郎1.6％の順となっていた。

V ㈱豊田紡織廠の経営史

次に役員構成の変化に目を転じると、既に説明した会社設立時の構成が5年間続いた後、1927（昭和2）年6月に豊田利三郎が専務取締役、西川秋次が常務取締役に就任し、翌1928年11月には、豊田佐吉が社長を辞任したので、利三郎が社長の座を継ぐとともに、西川が専務取締役、石黒昌明が常務取締役に就任した。この西川、石黒の専務、常務への昇任は、上述の株主構成の変化と連動しており、これによって紡織廠の経営の実権が日常的にはこの2人に委ねられていることが明確になったといえる。この後の役員構成の変化は小幅で、およそ以下の通りである。（株式会社豊田紡織廠「営業報告書」各期版）

1930年 1月　　取締役児玉一造逝去
1932年11月　　豊田佐助　取締役就任　佐助の豊田紡織㈱社長就任に伴う
1933年11月　　村野時哉　監査役辞任
1936年11月　　豊田佐助　取締役辞任　豊田紡織㈱社長退任に伴う
　　　　　　　三田省三　取締役就任
　　　　　　　石川十四男　監査役就任

この結果、1937年5月末における役員構成は次の通りになった。

取締役社長　　豊田利三郎
専務取締役　　西川秋次
常務取締役　　石黒昌明
取締役　　　　豊田喜一郎、三田省三
監査役　　　　藤野勝太郎、鈴木利蔵、吉川十四男

この役員構成で注目すべきは、創業三家のうち、豊田家からは豊田利三郎と喜一郎の2人、藤野家からは藤野勝太郎の1人が参加しているが、児玉家からは一造の死去以降1人も参加していないことである。既に大株主構成の所で述べたことであるが、児玉家は株式保有の面でもほとんど手を引いており、一造の弟の桂三は医師、大学教授で事業経営とは無縁の人物であり、一造のもう1人の弟（豊田利三郎）が社長をしている中国が本拠の会社にまでコミットする必要はなかったのであろう。この事とともにここで注目すべきは、ここに従業員出身の役員が、西川、石黒、三田、鈴木、吉川と5人も

いるということである。創業者豊田佐吉の後継者である豊田利三郎と豊田喜一郎を，創業家の1つである藤野家の代表藤野勝太郎と共に5人の従業員出身の役員が支えるという構成になっており，この5人のうち4人の最終学歴は，西川が東京高等工業卒，石黒が東亜同文書院卒，三田が神戸商業卒，吉川が名古屋商業卒となっていた[4]。当時実務に密着した教育でそれなりの社会的評価を得ていた学校を卒業し，社内で実務経験を積んだ有能な人材が積極的に役員に登用されていたのである。

6　利益率の推移

㈱豊田紡織廠の日中戦争勃発直前までの払込資本金利益（償却前）率の推移をみると，およそ図5-1の通りである。全期を通して損失を計上したのは1923（大正12）年下期1期のみで，他は黒字で，大まかに言って償却前の

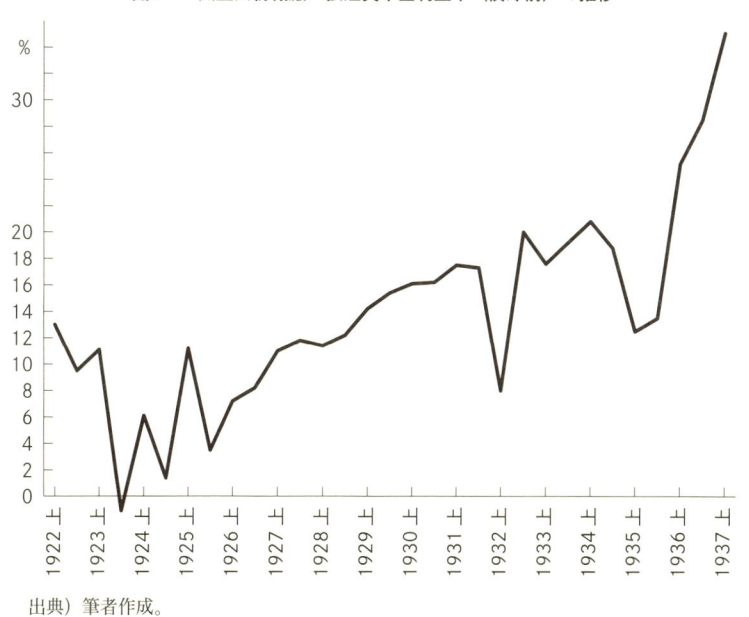

図5-1　㈱豊田紡織廠の払込資本金利益率（償却前）の推移

出典）筆者作成。

利益率は傾向的に上昇していた[5]）。但し，その過程で，1923（大正 12）年 10 月期は損失を計上して大きく落ち込み，1932 年 4 月期，1935 年 4 月期，同年 10 月期にも利益率は大きく落ち込んでいた。そこで，まず「営業報告書」の「営業ノ概要」の記述によって，これらの時期における利益率の低下の理由をみてみると，およそ以下の通りである。

　まず 1923 年 10 月期について─── 旅大回収，二十一ヶ条取消ガ日支外交ノ問題トナリ排貨経済断交ヲ唱ヘ稍其ノ具体化セントセシハ前期末ナリシガ排貨排日ハ支那政府及党争政略ニ利用セラレ五月七九日ノ国恥記念日ヲ期シテ益々悪化シ偶々六月初メ長沙事件ヲ惹起シテ各地商総会ハ主唱シテ排貨実行ヲ強要シ官憲暗ニ之を煽動シ地方ニヨリテハ邦人ノ生命財産ノ安全スラ保ツ能ハザルニ至レリ此間常ニ原棉高製品安ヲ続ケ経営益々困難ヲ告ゲ殊に当廠製品ノ大部分ヲ消化セシ長江上游ハ武漢ヲ中心トシテ全期ヲ通ジテ極端ナル排貨ヲ実行セシタメ需要ハ勿論運輸スラ不可能ノ時アリ支那糸ノ製産不引合ニヨル供給不十分ト日本人紡績製品ノ需要減少ハ支那糸ニ比シ十両ノ下鞘ヲ以テ売買セラルルニ至リタリ‥‥‥ 如此排日貨ト原料高製品安ニ終始シ遂ニ損失ヲ計上スルニ至レルハ甚ダ遺憾トスル所ナリ

　ここでは，日貨排斥と原料高製品安が損失発生の 2 要因として指摘されている。日貨排斥は第一次大戦後には日常茶飯事のように行われたことであったが，この時のそれは通常以上に激しく，かつ実効性があったのであろう。また原料高製品安もしばしば生じたことであったが，この時のその程度は確かに際立っていた。表 5-7 は，1929 年に出版された万国紡織連合会書記長ピアース Arno S. Pearse の「日本及支那乃棉業」（1929）に掲載されている表（showing Periods of Profits and Losses of the Chinese Cotton Mill Industry）の綿糸 1 俵（bale）当たりの損益（両建て）の年平均額を示したものである。この表では，1921 年から 1928 年まで，1，4，7，10 各月 15 日の市場相場，1929 年は 1，2，3 各月 15 日の市場相場が示され，そこから 1 俵当たりの損益が算出されているが，ここでは結論を分かりやすくするために，1，4，7，10 月（1929 年は 1，2，3 月）の数字を平均して，それを年平均として掲げた。これによると，綿糸 1 俵当たりの損益は，1921 年の 21.22 両から低下

表 5-7 綿糸 1 梱当たり利益の推移（1921-1929 年）（両）

年平均	糸　価	生産費	利鞘
1921	145.53	124.31	21.22
1922	139.75	142.69	△ 2.94
1923	150.15	162.38	△ 12.23
1924	166.55	170.88	△ 4.33
1925	165.08	163.78	1.3
1926	143.75	136.22	7.53
1927	140.18	142.09	△ 1.91
1928	157.55	153.67	3.88
1929	162.97	145.12	17.85

出典）Arno S. Pearse "Japan and China Cotton Industry Report"（International Federation of Master Cotton Spinners' and Manufacturers' Associations 1929），p. 157.

して，1922（大正 11）年 -2.94 両，1923 年 -12.23 両となり，その後反転して 1924 年 -4.33 両，1925 年 1.30 両，1926 年 7.53 両となり，1927 年に再びマイナスとなったものの，-1.41 両とその幅は小幅にとどまり，1928 年には再び反転して 3.88 両となり，1929 年には 17.85 両と好況期の 1921 年に近い水準にもどった。ここから明らかなように，1923 年は，前後の時期と比べて市場環境が際立って悪かった時であり，この年の 10 月期の決算で豊田紡織廠は損失を計上したのである。この頃の市場環境について，高村は次のように述べている。「二二年夏から，天候不順による棉の不作を直接の理由として棉花相場（100 斤当たり）高騰した。当月限の市場相場（通陝棉標準）は，22 年 10 月初めの 26 両 75 から翌 23 年 2 月末には 44 両へと急騰し，これに対して綿糸相場はさほど上がらなかったので，完全に採算割れとなり，22 年平均で市価採算は 9.5％の欠損となった。『花貴紗賤』（原棉高製品安）はたんに棉不作という外的条件によるものではなかった。民族紡・在華紡ともに二〇年代初頭に急増したため，二二年の綿糸生産量は二年前の二倍以上となり，したがって棉花消費量も急増していた。「花貴紗賤」現象の底には棉花需要増と綿糸供給増という構造的要因があり，したがって容易には解消されない性格のものであった。」（高村 1982，133-134 ページ）ここで高村が指摘する，一方で棉花の不作に 1920 年代初頭における民族紡・在華紡の

急増の結果としての棉花消費量，棉花需要の急増が重なって棉花価格が急騰し，他方で同じ民族紡・在華紡の急増がもたらした綿糸供給の増加の結果，綿糸価格が低落する，というロジックは重要であり，1923（大正 12）年 10 月期における豊田紡織廠の赤字決算の背景に，異常に激しかった日貨排斥とともに，このようなロジックを含んだ原料高・製品安という現象があったことを見失ってはならない。

次に 1932 年 4 月期について────　一月末突如上海事変起り我陸海空軍ガ派遣セラレテ上海未曾有ノ軍事行動ヲ取リ，三月中旬漸ク停戦交渉開始セラレタルモ期末未ダ協定調印運ニ至ラズ　在上海法人紡績ハ一月廿九日ヨリ四月廿六日迄三ヶ月間一斉閉鎖休業ノ已ムナキニ至レリ

ここでは，上海事変の結果上海が戦場となり，在上海法人紡績が 3 カ月間「一斉休業」したことが述べられている。この結果業績が悪化したのである。

さらに 1934 年 10 月期，1935 年 4 月期について────　（1934 年 10 月期）六月北米合衆国ハ自国経済界救済ノ一方策トシテ国内銀ノ輸出ヲ禁止シ，八月更に銀国有令ヲ発布シ，傍ラ世界銀市場ニ向ッテ買進ミタル為メ銀価益々昂騰シ，短時日ノ間ニ上海市場ノ在銀ハ巨額ノ輸出行ハレ市場ノ不安愈々加フルニ至リ‥‥‥為替ノ変動甚敷，日本向為替期初日本金 101 円ヨリ期末最高日本金 132 円ヲ見ルニ至レリ　（1935 年 4 月期）財界ハ銀価ノ昂騰ヨリ未曾有ノ通貨不安，金融不円滑ヲ招来シ国内多年ノ疲弊ト相俟ッテ各種産業萎微不振愈深刻ヲ加ヘ就中前半期最甚敷ク後半稍緩和セル如キモ未タ何等好転ヲ見ズ。‥‥‥ 米国銀政策ノ影響ハ期初ヨリ旧正ニカケ益甚敷‥‥‥ 在銀日ト共ニ減少シ‥‥‥ 信用ノ欠除ト通貨不安ニ脅サレ内ニアリテハ銭荘商舗ノ倒産相継ギ将ニ全般的恐慌ノ来ランカノ形勢アリ，外ニアリテハロンドン銀塊 23 片 3/8 ヨリ 36 片ニ達シ対日為替 114 円 1/4　対米 33 弗 1/8 ヨリ各 145 円　42 弗 1/4 ニ達シ輸出貿易愈不振ニ陥レリ

ここでは，アメリカの銀価引き上げを狙った銀政策によって銀価が高騰し，これが銀本位制を採っている中国経済を「全般的恐慌ノ来ランカノ形

勢」に陥れたことが述べられている。1929（昭和4）年秋における世界恐慌の発生当初は，一般物価の下落に伴う銀価の下落によって，中国経済は恐慌の波及を免れていたが，1931年9月，イギリスが金本位を離脱したのを端緒として各国が通貨を切り下げ，それに伴って国際銀価は上昇に転じた。この銀貨上昇をアメリカの銀政策が加速して，「国内物価は崩落し，金利は昂騰し，事業は萎靡し，貿易は衰頽し，銀は滔々として国外に流出した」（大日本紡績聯合会1939，219ページ）のである。中国経済はこの危機を結局1934年10月の幣制改革（銀本位制離脱，管理通貨制への移行）によって脱するのであるが，それへの移行過程で生じた「銀恐慌」は，中国経済やその基軸産業であった綿紡織業に大きな打撃を与え，豊田紡織廠の業績を悪化させたのである。

　このように，これら3つの時期にはそれぞれにもっともな理由から紡織廠の利益率は低下したが，これらを別にすると，同社の償却前の利益率は長期的には上昇傾向を示していた。そしてその根底には，中国の綿紡織業が産業の発展段階として成長期にあり，その過程で在華紡が民族紡に対して優位に立って，豊田紡織廠がその在華紡の有力な一員であったという条件が存在していた。これらの条件のうち，先ず最初の中国の綿紡織業が成長産業であったということは，表5-8に示されている紡績設備（紡錘数）と兼営織布部門の織布設備（織機台数）の増加状況を見れば明らかである。1913年，1920年，1929年，1936年という綿紡織業の発展にとって画期となる時期について，中国綿紡織業（合計）の設備の増加倍率をみてみると，紡績設備では，1913－1920年3.27倍，1920－1929年1.49倍，1929－1936年1.33倍であり，織布設備では，1913－1920年2.48倍，1920－1929年2.46倍，1929－1936年2.00倍だった。両方の設備ともに7－9年の間に設備は一貫して増加しており，23年を通してみると，その増加倍率は，紡績で6.51倍，織布で12.18倍に及んでいた。次に在華紡の民族紡に対する優位は，この表における在華紡の中国合計に対するシェア（カッコ内の数字［％］）の推移をみれば明らかである。このシェアが，紡績設備では，1913年の12.9％から1920年の28.3％，1929年の39.7％，1936年の44.1％へと一貫して増加し，織布

表 5-8　中国の紡織設備

年次	紡績錘数（千錘）				兼営織布機数（台）			
	合計	民族紡	在華紡	欧米紡	合計	民族紡	在華紡	欧米紡
1913年	866	521	112	233	4,798	2,707	886	1,210
1914	1,031	673	112	246	5,488	2,707	886	1,900
1915	1,031	619	166	246	5,488	2,707	886	1,900
1916	1,161	759	157	246	6,838	4,052	886	1,900
1917	1,271	858	168	246	6,920	4,134	886	1,900
1918	1,486	999	241	246	7,038	3,502	1,636	1,900
1919	1,468	889	333	246	7,959	3,620	1,986	2,353
1920	2,833	1,775	802	256	11,879	7,740	1,486	2,653
1921	3,261	2,135	867	259	16,224	10,645	2,986	2,593
1922	3,611	2,272	1,081	258	19,228	12,459	3,969	2,800
1923	—	—	—	—	—	—	—	—
1924	3,645	2,176	1,219	251	22,477	13,689	5,925	2,863
1925	3,572	2,035	1,332	205	22,924	13,371	7,205	2,348
1926	—	—	—	—	—	—	—	—
1927	3,675	2,099	1,370	205	29,788	13,459	13,981	2,348
1928	3,850	2,182	1,515	153	29,579	16,783	10,896	1,900
1929	4,224	2,396	1,675	153	29,272	16,005	11,367	1,900
1930	4,498	2,499	1,821	177	33,580	17,018	14,082	2,480
1931	4,905	2,731	2,003	171	42,596	20,599	19,306	2,691
1932	5,020	2,773	2,063	183	39,564	19,081	17,592	2,891
1933	5,172	2,886	2,098	188	42,834	20,926	19,017	2,891
1934	5,382	2,951	2,243	188	47,064	22,567	21,606	2,891
1935	5,527	3,008	2,285	234	52,009	24,861	23,127	4,021
1936	5,635	2,920	2,485	230	58,439	25,503	28,915	4,021

出典）高村直助『近代日本綿業と中国』98ページ。

設備では，1913（大正2）年の18.5％から1920年の12.5％へとやや減少したものの，その後は1929年の38.8％，1936年の49.5％へと大幅に増加した。そして最後の豊田紡織廠が在華紡の有力な一員であったことは，既に述べた同社が「在華紡専業で中国への進出が早かった3社と内地の紡績会社の中でトップを走っていた4大紡に次ぐ地位を占めていた」という事実から明らかであるが，次に述べる豊田紡織廠と有力在華紡各社の利益率の比較はこの点を更に明確に示してくれる。

　前掲図5-1に示されているように，豊田紡織廠の償却前の利益率は，1926年10月期までほとんど10％以下の水準で低迷していた。この結果，1925年

10月期まで同社は配当金を支払うことができず，1926（昭和元）年4月期からようやくその支払いを開始したが，同年4月期と10月期には大株主11名は未だその受け取りを辞退していた。しかし，1927年以降になると業績は安定し，償却前の利益率も1932年4月期を唯一の例外として，コンスタントに10％を超え，長期的にも上昇傾向をたどるようになった。これに伴って安定した配当が行われるようになったことはいうまでもない。この1927年4月期以降日中戦争勃発直前の1937年4月期にかけての時期における豊田紡織廠の償却後の利益率の水準が上海にある在華紡各社のそれと比べてどのような地位にあるかを確認するために作成したのが表5-9である[6]。

この表は，上海所在の在華紡のうち，独立の会社として営業報告書を公表している8社について，1927年上期から1937年上期までの払込資本金利益率（償却後）を算出し，その21期分の平均値を示している。したがって，この表には，大日本紡績のように，内地にある本社の分工場として操業している工場の業績は示されていない。利益率算出の前提となる当期利益の算出過程に，特に役員賞与と減価償却費の取扱いについて，会社によって微妙な違いがみられるが，ここでは役員賞与は利益処分項目として扱い，減価償却は損益計算項目として扱うように統一した。また，同興紡織では，前期繰越金を当期利益に含めているので，それを除いて当期利益を算出した。

表 5-9　上海在華紡の各社別利益率と売捌き益率（1927年上期－1937年上期の平均，％）

会社名	利益率
上海製造絹糸	19
上海紡織	20.9
内外綿	17.1
裕豊紡績	12.5
豊田紡織廠	12.2
同興紡織	9.6
東華紡績	1.4
日華紡織	△1.1

会社名	売捌き益率
内外綿	26.2
上海製造絹糸	19.7
同興紡織	18.2
豊田紡織廠	14.8
裕豊紡績	14.3
日華紡織	13.2
東華紡績	10.1

注）利益率は，当期純利益（償却後，役員賞与控除前）の払込資本金に対する年率。売捌き益率は，製品・屑物売捌き益の固定資産に対する比率。上海紡織については，損益計算書で売捌き益が算出できないため，売捌き益率の欄では同社を除いている。
出典）各社「営業報告書」より算出。

表 5-9 によると，利益率の水準が大きく分けて高・中・低という 3 つのグループに分かれていることが明らかである。高水準に属するのが上海紡織 (20.9%)，上海製造絹糸 (19.0%)，内外綿 (17.1%) で，これに中水準の裕豊紡績 (12.5%)，豊田紡織廠 (12.2%)，同興紡織 (9.6%) が続き，東華紡績 (1.4%) と日華紡績 (△1.1%) の 2 社は際立って低い水準に止まっていた。

利益率が高水準の上海紡織と内外綿は，第一次大戦前の創業で，第一次大戦中・後の綿業ブームに恵まれて高利潤を獲得し，これによって固定資産の償却を進めるとともに，内部留保を厚くし，固定資産関係の製品コストを切り下げるとともに自己資本を強化して企業の競争力を強めた。この結果，利益率が他のグループよりも高くなったのである。日華紡織も創業が 1918（大正 7）年で，第一次大戦後のブームに恵まれた点ではこの 2 社と共通する面があったが，同社はこのブーム期に借入金に依存した積極的買収戦略を展開し，ブームの崩壊に伴って，この借入金の負担が利益率を押し下げる結果を招いたため，利益率が低い水準のグループに属することとなった。一方，上海製造絹糸は綿紡績業への参入（綿紡績工場の建設）が 1922 年と，綿業ブームが去った後だったにもかかわらず，上海紡織，内外綿と並んで高水準グループに属していた。同社は 1896 年に京都が本社の絹糸紡績㈱の日中合弁の子会社として上海に設立され，1911 年に絹糸紡績㈱が鐘淵紡績㈱に合併されたので，鐘淵紡績の子会社となった。そして 1918 年に鐘淵紡績が上海製造絹糸の中国側の持株の大部分を買収してその経営権を完全に掌握し，1922 年に上海に 2 万錘規模の紡績工場を建設して，これを上海製造絹糸に移管した。その上で，上海製造絹糸は 1925 年に上海にあるイギリス資本の老公茂紡績工場を買収した。このように，上海製造絹糸は元来絹糸紡績を営む会社だったが，鐘淵紡績の子会社になってから，鐘紡の在華紡への進出の先兵として，1922 年以降綿紡績業を兼営するようになったのである[7]。この歴史からすると，同社は会社としては第一次大戦中・後のブームを経験しており，これに恵まれて高利潤を取得し，固定資産の償却を進め，自己資本を強化することができたと考えられる。綿紡績業への進出はブームが去った

後だから，綿紡織機械の償却について上海紡織や内外綿と同じようなメリットを享受できたわけではないが，会社としてブームに恵まれ，既存の設備で綿紡織業と共用できる部分について償却を進めることはできたであろうし，自己資本を充実させて企業の競争力を強化できたことは確かであろう。

　このように，豊田紡織廠は，第一次大戦前の創業で，大戦中・後のブームを享受し得た上海紡織，上海製造絹糸，内外綿の3社には及ばなかったが，日中戦争勃発前10年半の平均で利益率12.2％を記録して利益率の順位で5位につけ，4位の裕豊紡績の12.5％とほとんど並び，6位の同興紡織の9.6％にかなりの差をつけていた。そして，残りの「寄合所帯」の2社，東華紡績，日華紡績は，1.4％，△1.1％と，辛うじて利益を出すか，出さないかという低い水準であった。これら各社のうち，上海製造絹糸は鐘淵紡績，裕豊紡績は東洋紡績，同興紡織は1929（昭和4）年に東洋紡績に合併されたが，それまで4大紡の一角を形成していた大阪合同紡績のそれぞれ子会社だったから，少なくとも日中戦争勃発前の約10年間は，豊田紡織廠は4大紡の子会社とほとんど肩を並べる業績を挙げていたといえる。

　ここで，豊田家の事業の中核である豊田紡織㈱についての分析との関連で，製品売捌き益の固定資産に対する比率（1927年上期－1937年上期の平均）の比較も見ておくと表5-9の通りで，データーの関係で売捌き益が算出できなかった上海紡織を除くと，同興紡織の順位が3位に上昇していることを別にすると，内外綿と上海製造絹糸が上位，豊田紡織廠と裕豊紡績が中位，日華紡績と東華紡績が下位に位置するという配置は利益率の場合と同じであった。在華紡の場合には，内地の豊田紡織㈱について見られたような利益率と売捌き益率との逆転現象は生じていなかったと考えられる。

　また，利用可能な企業のパフォーマンスに関連する資料として，兼営織布の機械生産性を示す織機1台当たりの綿布生産高を算出して，それの1927年－1936年の値の平均値を各社別に表示すると，およそ表5-10の通りである。但し，原表では，数量の単位が1933年までは疋，1934年以降は方ヤードとなって異なっているので，ここでは1927－1933年と1934－1936年とを分けて平均値を表示した。この表によると，豊田紡織廠が1927－1933年は

表 5-10 上海・在華紡の織布生産性（1927－1936年）（疋，方ヤード）

年	上海紡織	日華紡織	内外綿	同興紡織	公大紗廠	大康紗廠	豊田紡織廠	裕豊紡績
1927	500	492	671	621	84		677	
1928	659	628	847	694	722		875	
1929	972	363	713	647	720		648	
1930	669	390	710	685	741		648	
1931	651	428	326	731	830		926	
1932	399	765	498	451	504		579	
1933	695	663	834	677	696		833	483
1934	27.7	30	39.4	25.3	23.3		32.5	29.3
1935	27.4	13.6	42.4	27.9	30.2	11.8	34.3	11.1
1936	30	30.4	36.5	30.1	31.1	25.2	34.3	18.7
1927-33平均	(4) 64.9	(6) 533	(3) 657	(5) 644	(2) 702		(1) 739	(7) 483
1934-36平均	(3) 28.4	(6) 24.7	(1) 39.4	(5) 27.8	(4) 28.2	(8) 18.5	(2) 33.8	(7) 19.7

注）1　公大紗廠の1927年の数字（84疋）には、同年次の他社との比較、同社の他年次との比較で疑問があるので、平均値の算出に際し、これを除外した。
　　2　1927-33年の数値の単位は疋、1934-36年の数値の単位は方ヤードである。
出典）「中国棉紡統計史料」28-62ページの表より作成。

1位，1934－1936年は2位であったことが分かる。兼営織布の生産性で，豊田紡織はトップ・クラスのパフォーマンスを挙げていたといえる。この成果が，親会社豊田紡織の高い織機調達能力と豊田自動織機製作所製自動織機の高い性能によってもたらされていたことはいうまでもない。

7　豊田ファミリーの高所得への貢献―豊田紡織㈱との比較―

　以上のような活動の結果，豊田紡織廠は，豊田佐吉，利三郎，喜一郎を中心とした豊田ファミリーが高所得を得るのにどの程度の貢献をしたのであろうか。最後に，その点をグループの中核企業である豊田紡織㈱と㈱豊田紡織廠の株式配当金と役員報酬の合計額の推移を比較・検討することによって明らかにしてみよう。いうまでもなく，グループ企業から支払われる配当金と役員報酬のふたつがファミリーの所得の二大源泉であり，配当金は決算資料で公表されているし，役員報酬は十分には公表されていないが，両社の「定款」に支払限度の規定があり，ある時期までは公表されているその支払実績から見て，実際にもこの限度に近い額が支払われていたと推定でき

7 豊田ファミリーの高所得への貢献―豊田紡織㈱との比較― 107

表 5-11 豊田紡織㈱と㈱豊田紡織廠の配当金と役員報酬の比較（1927年上期－1937年上期）

決算期	豊田紡織㈱(千円) 償却前利益	×0.1 役員報酬	配当金	合計(A)	㈱豊田紡織廠(千両) 償却前利益	×0.1 役員報酬	配当金	合計	同円換算額(千円)	紡織会社の紡織廠からの配当収入(千両)	同円換算額(B)(千円)
1927年上期	396	40	177.5	217.5	275	27.5	125	152.5	199	43.75	57
下期	559	56	177.5	233.5	296	31	125	156	209	43.75	59
1928年上期	562	56	177.5	233.5	285	28.5	125	153.5	206	43.75	59
下期	565	57	177.5	234.5	306	31	125	156	220	43.75	62
1929年上期	738	74	177.5	251.5	356	36	125	161	226	43.75	61
下期	738	74	177.5	251.5	386	39	125	164	192	43.75	51
1930年上期	408	41	177.5	218.5	402	40	200	240	231	70	67
下期	△229	0	0	0	404	40	200	240	192	70	56
1931年上期	284	28	106.5	134.5	437	44	200	244	156	70	45
下期	530	53	237.5	290.5	557	56	200	256	173	70	47
1932年上期	1094	109	285	394	301	30	125	155	157	43.75	48
下期	1237	124	332.5	456.5	701	70	150	220	296	52.5	71
1933年上期	1243	124	332.5	456.5	641	64	125	189	268	43.75	62
下期	1263	126	332.5	458.5	－	－	－	－	－	43.75	84
1934年上期	1207	121	572	693	770	77	150	227	365	52.5	84
下期	1,482	148	364	512	720	72	125	197	339	43.75	75
1935年上期	1247	125	461	586	411	41	125	166	324	43.75	85
下期	1297	130	409.5	539.5	462	46	125	171	306	43.75	78
1936年上期	1051.5	105	409.5	514.5	931	93	175	268	394	61.25	90
下期	1077	108	409.5	517.5	1,100	110	175	285	415	61.25	91
1937年上期	1163	116	468	584	1,278	128	175	303	443	61.25	90
合計	16,649.50	1,689.00	5,630	7,319.00	11,019	1,103	3,000	4,103	5,311	1,050.00	1,338

注) 1 合計は、豊田紡織㈱の1933年下期の「営業報告書」未見のため、2社ともにこの期を除いた集計である。
2 役員報酬は、(総益金 [収入] －総損金 [支出]) の10%と仮定して算出。但し、両社のこの期間の「営業報告書」によると、役員報酬は総支出に含まれていて、償却前利益の算出前に既に控除されているので、役員報酬を推定する必要がある。役員報酬をxとすると、役員報酬控除前の償却前利益は、(決算書上の償却前利益＋X) であるから、上記の仮定から、(償却前利益＋X) ×0.1＝Xでもあり、この式を解くと、X＝償却前利益÷0.9＝償却前利益×0.111… である。定款の規定では、役員報酬の上限が (総益金－総損金) の10%とされていることも考慮して、ここでは、償却前利益の10%として役員報酬を推定した。

出典 豊田紡織㈱、㈱豊田紡織廠の「営業報告書」各期版より作成。

るから，ある程度の確からしさでその推定値を知ることは可能である。表 5-11 は，各期の決算における利益処分で計上されている配当金をそのまま計上し，役員報酬については，両社の「定款」に，総収入と総支出の差額の 10％を限度として役員報酬を支払うと規定されており，実際にもある時期まで，この限度に近い額が支払われていたことから，この限度額を役員報酬の推定値として計上した。1927（昭和 2）年上期から 1937 年上期までの 10 年半の間に両者が支払った（もしくは支払い可能な）配当金と役員報酬の合計額の推移を示した表 5-11 によると，この期間に豊田紡織は合計 731 万 9000 円（豊田紡織廠の資料が得られない 1933 年下期分を除く），豊田紡織廠は合計（円換算で）531 万 1000 円をそれぞれ支払っていた。豊田紡織を 100 とすると，豊田紡織廠の比率は 73 である。

しかし，豊田紡織の利益には，豊田紡織廠が支払った配当金が含まれているから，豊田家の高所得への貢献度を比較するという観点からすると，豊田紡織の役員報酬と配当金の合計額からこの分を控除した金額との比較で紡織廠の役員報酬と配当金の合計額は評価さるべきである。豊田紡織は豊田紡織廠の最大株主として紡織廠の株式の 35％を保有していたから紡織廠の配当金の 35％は豊田紡織に支払われていた。そこで，表 5-11 で，豊田紡織について同社の役員報酬と配当金の合計額から豊田紡織廠が同社に支払った配当金の円換算額 133 万 8000 円を差し引いた金額を求めると 598 万 1000 円となる。豊田紡織廠からの配当収入がなかったとすると，豊田紡織の役員賞与と配当金の合計額に対する豊田紡織廠の合計額の比率は 89 と大きく上昇する。豊田紡織廠は，経営が軌道に乗ってからは，豊田家の中心メンバーの高所得の形成に，豊田家事業の本拠である豊田紡織㈱とほとんど肩を並べる貢献をしていたのである。前に見たように，豊田佐吉は，日中親善の必要性とともに職工賃金の上昇から日本の紡績業の将来を楽観できないという理由からも，紡績業が中国へ進出すべきであると説いたのであるが，この中国観，紡績業観は，まさに正鵠を得ていたことになる。

[注]
1） 石黒昌明は，「西川秋次の思い出」（西川田津発行，1964 年）の中で，自らの「思い出」につ

いて次のように述べている。豊田佐吉翁が,「新たに上海に紡績織布工場創設を企てられ,此経営の全責任を故人に託された時,略々同時頃,元伊藤忠輸出店のマニラ支店に児玉利三郎さんが居られ,私も同じく上海店に居りました。利三郎さんも豊田家に入られた。私も令兄児玉一造さんと同クラスの関係で,同氏と伊藤忠兵衛さんのお勧めで,豊田紡織廠にお世話になる事になりました。」(思い出編,12 ページ)

2) ここでいう紡織比率と製出綿糸の内部消化比率(兼営織布部門の原料として使用される比率)との関係については,時期がややずれるが,次のような資料がある。東洋経済新報社発行の「会社かがみ」臨時増刊「関西主要会社の解剖」昭和10年版によると,1935年上期現在で,内外綿は,「製造した原糸を殆ど全部自家用織布原料に供し,売り糸は極く僅かで」あり,同興紡織は,20手と中糸(平均番手42手)を製造していたが,「20手は全部自家用に供し,中糸(平均番手42手)全部売糸」だったという。同興紡織の場合,生産高は,20手1万2900梱,中糸8000梱だったから,内部消化比率は,61.7%である。一方,「中国棉紡統計史料」によって,1935年の上海における,内外綿と同興紡織の紡織比率(紡錘数の織機台数に対する比率)を算出してみると,内外綿77.9,同興紡織69.4で,豊田紡織は72.9だった。「会社かがみ」の数字は,外部の経済記者の推定値だから,どこまで正確かわからないが,内外綿と同興紡織では,製出綿糸の6割強から9割程度が兼営織布の原料として消費されており,紡織比率で見ると,豊田紡織もこの2社に近いレベルであったことは確かだから,豊田紡織も製出綿糸の多くを兼営織布部門で消化し,一部を(おそらくは極太糸を)外部に販売していたと考えられる。

3) 大正11年11月末現在の株主名簿で,次のような名前が確認できる。(カッコ内は株数)小田垣捨次郎(200),武村貞一郎(200),武内尚一(100),南条金雄(200),南条勝代(300),安川雄之助(200),藤瀬政次郎(200),平田篤次郎(100)。

4) 三田の学歴は,紡織雑誌社「紡織要覧」昭和12年度用,「紡織紳士名鑑」,吉川の学歴は,「豊田紡織株式会社史」60 ページによる。

5) 豊田紡織廠の決算書における減価償却費の扱いを見ると,1922年上期から1926年下期まで,「利益金処分」に固定償却が計上されていたが,1927年上期からこの項目がなくなり,1937年上期に突如減価見返金という項目が「利益金処分」に登場して,利益処分としての減価償却が再開された。この間(1927年上期から1936年下期まで),1931年下期から「利益金処分」に別途積立金という項目が登場して,毎期100-400両が積み立てられた。そして注目すべきことに,1936年下期の別途積立金は400両で,次の期の1937年上期には,この別途積立金がなくなり,これに代わって上述の減価見返金として同額の400両が計上されたのである。このような経過から見て,1931年下期以降の別途積立金は減価償却に代わる勘定であると考えられる。このように,減価償却の扱いが時期によって変転しているので,この会社の収益力の変遷を,長期トレンドとして考察する場合には,まずは償却前の利益率を見ておくことが必要である。

6) ここでは,会社の本来の収益力を比べるという観点から償却後の利益率を比較した。

7) 上海製造絹糸については,以下の記述がある。「明治39年6月,京都に本社を有する絹糸紡績株式会社系によって資本金40万両を以て創立せられ,工場を上海に建設(現在の公大第3廠),主として絹糸紡績業を営む。明治44年,絹糸紡績が鐘淵紡績に合併され,当社の管理運営も鐘紡に承継せられた。大正11年12月300万両に増資,同12年7月1,000万両に増資,14年5月上海揚樹浦路,英商老公茂紡績工場を買収,昭和9年12月,資本金両建を円建に変更し,1,500万円全額払込とす。」(宇野米吉『大陸と繊維工業』紡織雑誌社,1939年,252ページ)「鐘淵紡績の武藤山治が,……上海工場建設に着手した。この工場は,22年に二万錘規模で完成し,鐘淵紡績の子会社である上海製造絹糸に移管された。上海製造絹糸は1906年,絹糸紡績が日中折半出資で設立した合弁会社であるが,絹糸紡績の合併(11年)にともなって鐘淵紡績が株主となり,18年には中国側の持株の大部分を買収したが,社長に朱葆三,監査役に王

一亭を据えていた。上海製造絹糸（絹糸紡績6,300錘，紬糸機1,050錘）は，綿紡績工場（現地名公大紗廠）の移管を受けると22年末には資本金を40万両から300万両に増資し，さらに上海工場建設と青島工場建設を行なった。23年には1,000万両に増資している。」（髙村 1982, 120-121ページ）なお，老公茂紡績工場は，1897年に中国で最初に操業を開始した4つのイギリス・ドイツ系の近代的紡績工場のひとつだった。（宇佐見誠次郎「支那における紡績業の発達と外国資本」大日本紡績聯合会編『東亜共栄圏と繊維産業』文理書院，1942年，107ページ）

VI
㈱豊田自動織機製作所の経営史

1　㈱豊田自動織機製作所の設立

(1)　豊田自動織布工場設立後の自動織機の開発

　1910（明治43）年の外遊によって心機一転し，自動織機の発明完成に自信と希望を得て帰国した豊田佐吉は，1912年に豊田自動織布工場を設立し，工場内に移り住んで「従業員と寝食を共にして，ひたすら発明に没頭した。」そして，この工場を設立してからの「三，四年間は，佐吉の研究発明活動が最高潮に達した時であり，この結果，大正三年には自動織機に関する重要な特許が次々と出願された。」（株式会社豊田自動織機製作所 1967, 66, 79 ページ）株式会社豊田自動織機製作所の「四十年史」は，1918年における豊田紡織㈱，1922年における㈱豊田紡織廠の設立について述べた上で，佐吉の「発明私記」を引用しつつ次のように記している。「他力主義ノ為，再三体験セシ失敗ニ鑑ミ，今回コソ不抜ノ大覚悟ヲ以テ人ニタヨラズ，自力主義ヲ本尊トシ，発明ニ着手スルニ至レリ。而シテ此ノ自力本願主義確立ニハ，ドウシテモ充分ナル資力ヲ蓄積スルノ必要アリ。然ラザレバ，又々他力主義ニ迷ハサルハ必然タリ。サレバ予ハ，先ヅ此ノ資力ヲ作ルニ全力ヲ注ガンタメ，予ガ終始セル発明一貫主義ハ，予ノ部下等ヲ以テ暫し代理セシムルコトトシ，茲ニ全ク陣容ヲ立テ直シタリ。即チ，予ノ部下ハ，予ニ代リテ自動ノ試験ニ全力ヲ注ギ，予ハ其ノ試験ニ必要ナル『パン』ノ資ヲ供スル役トナレリ。実ニ此ノ『パン』無クシテハ，何等ノ試験モ為スコト能ハズ。他力主義ニ迷ヒテ，度々失脚セシハ之レガ為ナリ。予ハ『パン』ノ資ヲ豊ニセン

モノト思ヒ，全ク還俗シテ，孜々奮闘大イニ努力セリ。」（同上，79-80ページ）即ち，他人の資本に頼って発明を行うという「他力主義」で再三失敗したので，自分は「還俗」して紡織業を経営して「パン」の資を稼ぎ，発明や自動織機の試験は部下達に任せて，彼らが必要とする「パン」の資を供給する役割を果たしたというのである。そして，豊田紡織㈱と㈱豊田紡織廠は，「パン」の資を稼ぐ「俗業」の二大支柱であった。

「四十年史」によれば，「自動織機の試験の継続を部下に命じ，居を上海に移した佐吉は，創立後間もない豊田紡織廠の経営に多くの時間と労力を費やした。しかし，その間もたえず自動織機の改良・発明に心をくだき，たびたび帰国しては，自動織機の試験について報告を聞き，部下たちの指導に当たっていた。」（同上，81ページ）という。しかし，これだけの記述では，部下たちの自動織機の改良・発明の内容がどのようなものであったかを知ることはできない。この点で，豊田喜一郎の関係文書を整理・分析してまとめられた和田一夫の「豊田喜一郎伝」の記述は貴重である。これによると，およそ以下の事実が明らかである。

佐吉の長男である豊田喜一郎は，1920（大正9）年に東京帝国大学工学部を卒業し，翌21年の4月から父が経営する豊田紡織㈱に就職したが，同年7月には豊田利三郎夫妻とともに欧米旅行に出かけ，この旅行中，22年1月には，オールダムにあるプラット社の工場を見学しながら，下宿で自動織機について研究した。しかし，父の佐吉は，息子の喜一郎に，織機の開発よりも紡績業の経営に携わることを期待していた。そして，実際にも，発足間もない豊田紡織㈱は，製品である綿糸の品質が安定しないという問題を抱えており，これを解決すべく雇った鐘紡出身の熟練工たちの秘密主義にさえぎられて，紡績工程の改善が容易には進まないという問題に悩まされていた。

ところが，この問題は，豊田紡織㈱の姉妹会社である菊井紡織㈱が1922年7月から工場の操業を開始するにあたって，アメリカの機械メーカーであるホワイティン社が技術者を派遣してきたので，その技術者から「紡績機械の取扱い方法から紡績工場の管理・運営」までを学ぶことによって一挙に解決され，糸の品質も安定するようになった。これは喜一郎にとっては，紡

績をやれと言っていた父の期待に応えたことを意味していた。一方,鈴木利蔵以下の佐吉の「部下」達にとっては,工学の専門知識のある喜一郎の存在は極めて貴重で,鈴木は,紡績は難問が解決したから今度は自動織機をやろうと喜一郎を誘い,喜一郎もこれに賛成した。こうして,鈴木が全体を指導し,喜一郎が設計を,製造を大島理一郎が担当するという分担で自動織機の開発が進められることになった。佐吉はいぜんとして喜一郎が自動織機の開発に参加することに反対していたが,佐吉は上海に半永住していて名古屋には不在がちだったので,その間に研究に取り組み,佐吉が帰国するという電報が来るとそれを中断するというやり方で作業を進めた。(由井・和田 2001, 150-154 ページ)「豊田喜一郎伝」は,この頃の佐吉の心情を推し量りつつ,結局は佐吉が喜一郎の自動織機開発への参加を許容するようになった時の光景について,次のように記述している。佐吉は父として,喜一郎の安定した生活を送ることを望んで,発明家の世界ではなく紡績事業家たる道を進むことを求めてきた。ところが,「自動織機の研究の成功を託した人物たちが,息子である喜一郎の能力を必要としていた。研究は完成して欲しいが,息子には安定した生活をして欲しいと,佐吉の心は父と発明家の立場で激しく揺れ動いていたのではなかろうか。しかし,やはり発明家は発明家の才を知るのであろう。佐吉は,あるときに喜一郎の才能を知った。そして,ついに喜一郎が自動織機の研究をすることを許した。

　何時だったか,夏の暑い頃であった。私(喜一郎)が一生懸命に設計していたら,耳のそばで『ウーン』という声がした。何にか知らんと思って振り向いたら父がいつの間にか上海から帰って,私の後から設計を見ていた。しまったと思ったがもうおそかった。

　『その設計もなかなか面白そうだ。お前もこういうことが好きなんだな。鈴木もああいうから自動織機の研究をやりたかったらやってもよい。しかし紡績のほうをおろそかにしてはいかんぞ』

　これでやっと肩の荷が降りたような気がした。公に研究をすることを許された。」(由井・和田 2001, 155-156 ページ)
こうして,佐吉から自動織機の研究をすることを許された喜一郎は,自動

織機の基本に戻って問題を考えた。力織機では，たて糸の間を通るよこ糸が5分位で尽きてしまうためそこで機械を止めてよこ糸を補充する（杼の中にある木管を交換する）必要があり，それだけ機械の能率が低下するので，このよこ糸の補充を自動化することによって，この能率の低下を防ごうというのが自動織機の基本的考え方なのだが，この方式に，木管を交換するコップ・チェンジ方式と，シャトルを交換するシャトル（杼）・チェンジ方式という2つの方式があった。この2つの方式のうちコップ・チェンジ方式が既にアメリカのノースロップ社によって実用化されていたので，喜一郎はまずこの方式を検討した。この方式では，交換用の新しい木管をロータリー式に回転盤に取り付けておいて，杼に押し込むのだから，原理は簡単だが，実際に織機を動かして木管を交換しようとするとそれがなかなか容易ではなかった。交換用の木管を杼に押し込もうとする時に，杼は厳密に決められた位置になければならないのだが，1メートル先からかなりのスピードで飛んでくる杼を精密に停止させることは容易ではなかった。機構を複雑にすればそれができないわけではなかったが，そこまでしてこの方式で行くのかという問題があった。（この部分の記述は，石井2008，125-128ページによる）そこで喜一郎は，「シャトル・チェンジ方式で交換用シャトルを積み上げて，その最下層のシャトルを達磨落としのようにして，スライドさせつつ押込み交換させる（佐吉の―引用者）発明を調べてみた。調べてみるだけでなく，実際，かなりの数の織機で実際に実験してみた。確かにこの発明はよく考えられていた。ベストであると確信した。ただ実際にやってみるとなお解決のための多くの改良が必要であった。……それはシャトルを交換するわずかな時間の動きに関わっていた。新しいシャトルを押し込むタイミングと古いシャトルを杼箱から放出するタイミングをどのように一致させるか，という問題であった。」（石井2008，128-129ページ）

　特許の技術史の専門家である石井正によると，この問題は，喜一郎が考え出した「新しいシャトルを杼箱に押し込むときの作動で，同時に古いシャトルを杼箱から放出するシンプルなメカニズム」によって一挙に解決された。「シャトルの押し込み運動にそのまま連動して旧シャトルの後側版を排除す

る機構であるため，時間的なズレがない。機構的には全く単純でしかも作動ミスがないもので，後日，英国のプラット社の技術者が『マジックルームである』と評価したのも，この発明を評価してのことである。豊田の自動織機完成をいつの時点にするか確定はされていないが，ほぼ1924（大正十三）年末から1925年はじめとみてよい。」（石井2008，135-136ページ）この発明によって得られたのが，特許第6515号（1924〈大正十三〉年十一月二十五日出願）であり，これによって作られたのがG型自動織機である。

(2) ㈱豊田自動織機製作所の設立

　自動織布工場が発足した時には8台でしかなかった試験用の織機は，その後次第に増設され，佐吉が上海と名古屋を往復しながら試験を指導するようになったころには，32台になっていた。「しかし，1000台以上もある普通織機の中へ，このように少数の試験台を置いたのでは，自動織機に特有な管理方法，取扱方法について，男女工員を指導訓練することは容易でなく，また糊付けなどの織布準備作業の適否が，自動織機の性能に大きく影響することが明らかになっても，そのために特別の扱いができないなどの不都合が生じてきた。そこで佐吉は完全な試験を行なうためには，自動織機のみを大量に据え付けた，いわゆる営業試験工場を建設する必要を痛感し，……その敷地を愛知県碧海郡刈谷町に定めた。」（株式会社豊田自動織機製作所1967，81ページ）

　そして，1923（大正12）年，そこに自動織機500台を据え付けることができる工場が完成し，当初はまず200台を設置し，原料の綿糸は名古屋市内にある豊田紡織の本社工場から供給して運転を開始した。ところが，研究が進むにつれて，原料の糸を他に依存していたのでは，十分な試験ができないことが明らかになってきた。「自動織機の性能を向上させるには，それだけ供給される糸も，より良質なものが要求され，単に準備工程に特別な工夫をするだけでは不十分で，原糸そのものの生産，すなわち紡績工程自体をも，十分に管理することが重要になってきた。このため刈谷の自動織機試験工場に，さらに紡績工場を設置することが必要になってきたのである。」（同上，

82ページ）しかし，この頃紡績工場の経済単位は2万錘といわれており，その建設には25万円の資金が必要で，これは当時の豊田紡織にとって容易ならざる負担だったが，佐吉は，上述のように1923年末頃には新型の自動織機が開発されたという状況も踏まえて，刈谷に2万錘規模の紡績工場を建設し，そこにこれとバランスする規模の新型自動織機を導入することを決意した。

ところで，この自動織機については，当初1008台の製作を豊田式織機㈱に依頼したが，後述するような自動織機に関する特許権の帰属をめぐるトラブルから，同社がこの依頼を断ってきたので，豊田紡織は，それを自ら製作せざるを得ないという苦境に追い込まれた。しかし，幸いにして，佐吉と同郷の野末作蔵が所有する名古屋市日置町にある鉄工場がちょうど空いていたのでこれを利用し，かつて佐吉のもとで鋳物を担当していた久保田長太郎（当時は，名古屋市内で鋳物工場を自営していた）に依頼してここに鋳物設備を設置した。さらに，久保田は鋳物職人の半数をこの工場へ派遣して作業を助けてくれた。こうして，1925年11月には第1号機が完成し，その後刈谷工場が完成するまでの1年間に，この工場で1203台の自動織機が製作され，これが以下の諸工場に据え付けられた（同上，94ページ）。

　　刈谷試験工場　　　　520台
　　豊田紡織本社工場　　528台
　　菊井紡織　　　　　　124台
　　豊田織布菊井工場　　 24台
　　鐘淵紡績　　　　　　 7台

このように，日置工場における自動織機の製造が軌道に乗ってきたことを受けて，それを本格的に製造・販売するための準備が進められ，刈谷にある自動織機の試験工場に隣接した豊田紡織の社宅用地を新工場の用地とすること，鋳物設備の計画の策定を引き続き久保田長太郎に委嘱すること等が決定された。自動織機の試験工場では，1926（大正15）年1月に紡機2万錘の操業が開始され，前年11月頃から据え付けを始めていた自動織機も順調に稼働していたので，1926年3月に刈谷の試験工場を営業工場に切り替え，

豊田紡織刈谷工場と改称することとした。これと同時に，自動織機を製造・販売する新会社の設立計画が発表された。(同上, 95, 96 ページ)

かくて，1926 年 11 月 17 日に㈱豊田自動織機製作所の創立総会が開かれた。新会社の資本金は 100 万円で，第 1 回の払込金は 25 万円であった。また，新会社の大株主は表 6-1 の通りで，豊田紡織㈱が全体の 61.5％と圧倒的多数を占め，以下，豊田佐吉，豊田利三郎，豊田喜一郎，児玉一造各 5％，豊田平吉，豊田佐助，藤野合資，鈴木利蔵各 2.5％，西川秋次，大島理三郎各 2％の順で並んでいた。豊田佐吉家，児玉家，藤野家の共同事業的性格が表れているのは豊田紡織㈱の場合と同じだが，ここでは，佐吉の 2 人の弟と鈴木，西川，大島という従業員の 3 人が豊田紡織の創業家である 3 家とほとんど肩を並べているのが目立っている。2 人の弟については，佐吉が自らの寿命と健康状態から自分がいなくなった後での利三郎と喜一郎への支援を期待してのことであろう。鈴木と大島については，新型の自動織機の開発への貢献，西川については上海における事業への貢献を評価してのことであろ

表 6-1 ㈱豊田自動織機製作所の株主

株主	持株数（株）	百分比（％）
豊田紡織㈱	12,300	61.5
豊田佐吉	1,000	5.0
豊田喜一郎	1,000	5.0
豊田利三郎	1,000	5.0
児玉一造	1,000	5.0
豊田平吉	500	2.5
豊田佐助	500	2.5
藤野（資）	500	2.5
鈴木利蔵	500	2.5
西川秋次	400	2.0
大島理三郎	400	2.0
原口　晃	200	1.0
犬飼貞吉	200	1.0
岡部岩太郎	200	1.0
村野時哉	200	1.0
石黒昌明	100	0.5
合計	20,000	100.0

出典）㈱豊田自動織機製作所「四十年史」1967 年, 97 ページ。

う。新会社の役員は，社長　豊田利三郎，常務取締役　豊田喜一郎，取締役　西川秋次，鈴木利蔵，大島理三郎，監査役　豊田佐助，村野時哉であり，このほかに取締役会で豊田佐吉が相談役に選任された。(同上，97ページ)

(3)　豊田式織機㈱との特許紛争

　1907 (明治40) 年における豊田式織機㈱の設立に際し，同社発起人と豊田佐吉との間で，自動織機に関する「特許権譲渡契約」が締結されていた。佐吉は，この契約は無効であると考えていた (同上，83ページ) が，豊田側が新型の自動織機の開発を進める過程で，この事実がその開発と事業化に対する障害として登場してきた。その経緯について，㈱豊田自動織機製作所の「四十年史」は次のように述べている。「大正十三年九月，佐吉の特許のうち『自動杼換装置』に関する特許第17028号 (明治四十二年九月十八日登録) の期限が満了することになった。佐吉としては，豊田式織機㈱との従来からの経緯もあり，はじめは，これをそのまま継続して同社に使用させることは，あまり気が進まなかった。しかし，児玉一造のすすめもあったので，とりあえず特許権継続の申請を行なうとともに，その実施権ならびに実施料の問題に関する佐吉の考えを豊田式織機㈱に伝え，検討を依頼した。なおこの時，佐吉は自動織機の大量営業試験の計画のあることを同社に説明し，これに必要な1,008台の自動織機の製作を同社に依頼した。」ところが，「しばらく経ってから，豊田式織機㈱より佐吉に対し，該特許の名義書替え，すなわち特許権の譲渡を求めてきた。……ここに契約をめぐり両者の見解の相違が表面化することになったのである。不幸にして，この問題はその後，両者間の紛争にまで発展し，その余波を受けて，豊田式織機㈱に製作を依頼した1,008台の営業試験用織機は断わられてしまった。」(同上，83ページ) これに対して豊田側は，新型の自動織機の開発を進め，自力で自動織機を製造する一方で，紛争を円満に解決するための努力を続けた。「ある時は，三井物産が中に入り，新設される当社の株式を，豊田紡織㈱，豊田式織機㈱，発明者ならびにその他の功労者にそれぞれ三分の一ずつ割当てる案が用意されたこともあった。しかし，これらの努力も結局実を結ぶに至らず，1926年8

月15日になって，……豊田式織機㈱は『特許権登録名義変更手続等請求』の訴訟を提起してきたのである。」「この訴訟事件は，その後約一年半余法廷で争われ，……昭和三年六月，時の愛知県知事小幡豊治のあっせんにより和解をみ，円満に解決した。」(同上，96 ページ)

以上，㈱豊田自動織機製作所の「四十年史」の記述に沿ってこの紛争の事実経過を述べてきたが，最後の裁判での「和解」の内容については何も語られていない。「四十年史」以外の豊田側の各社の社史や豊田式織機㈱とその後身の豊和工業㈱の社史も，この点については全く同じである。わずかに，愛知県が出した「愛知県史　資料編 29 近代 6 工業 1」のみが，「この特許権紛争関係資料については，諸般の事情から掲載ができなかった」としつつも，「小幡豊治県知事の斡旋により，豊田式織機から豊田自動織機製作所へ特許権が譲渡されるとともに，豊田式織機も特許権の永続使用ができることで和解が成立している」と記している。(愛知県，2004 年，1011 ページ) そして，この紛争における豊田側の考え方については，特許の技術史の専門家である石井正が，以下のように示唆に富む見解を述べている。「両者の話し合いは結着がつかない。愛知県知事までが間に入っても妥協しない。結局，裁判で結着をつけるというところまで進んでいった。では，技術の現場ではどうしていたのだろうか。この自動織機の特許を使用するとして，それをさらに大幅に改良する発明を生み出すことで解決するという方向が考えられた。……この自動織機の特許を大きく改良する発明を生み出し，この基本特許と改良特許を相互に実施許諾するのが双方にメリットがあると考えたのである。この時点で豊田式織機㈱がそうした基本特許と改良特許と（を？）相互に実施許諾する方式を了解したわけではない。しかし，それ以外によい案もない以上，その作戦で突き進むより他にない。裁判は裁判で進行してもらうより他にない。

　〔改良発明の強制実施〕　改良発明をして，それを実施する場合に，元の発明の特許権を使用することになるが，元の発明の特許権者がその特許権の使用を許諾しない場合には，特許庁に対してその実施許諾の裁定を求めることができる。これを改良発明についての強制実施許諾制度というが，

1921（大正10）年の特許法にもこの規定があった（大正10年特許法第49条）。喜一郎は当然にこの規定を知っていて，だからなんとしてもよい改良発明を生み出そうと考えたのであろう。」（石井2008，134-135ページ）

この石井の記述は，この問題について事実の経過を説明しているわけではないが，当時の特許法の規定も踏まえると，基本特許と改良特許とを相互に実施許諾するのが，両者にとって最も合理的な解決法ではないか，とする意見は説得的であり，「愛知県史」の上記のような簡単な記述も，そこで両特許の相互実施許諾が提案されたと読めば，十分に納得できるものである。

2　㈱豊田自動織機製作所の事業展開―紡織機事業―

(1)　好調なスタートと昭和恐慌期の苦境

設立直後の㈱豊田自動織機製作所のスタートは極めて好調であった。「第一期には，実に4,000台余，さらに第二期には2000台余に及ぶ注文が舞い込み，創業後一年にもみたない第二期末には，5643台の受注残を擁する勢いであった。当時における当社の生産能力，月産300台をもってすると，実に一年半分に相当する仕事量であった。その当時綿紡織業界では，女子年少者の深夜業禁止を定めた工場法の実施を三年後（昭和四年七月一日）にひかえ，また第一次世界大戦後の不況克服のため，世界的課題として各国が取り上げた産業合理化運動に呼応し，各種の経営合理化対策が真剣に検討されている時であった。したがって，高性能の自動織機の出現は，業界から非常な期待をもって迎えられたのである。」（㈱豊田自動織機製作所1967，114-115ページ）しかし，1930（昭和5）年から31年にかけて世界恐慌の影響で日本経済も深刻な不況に陥るなかで，当社の業績も一挙に悪化し，当社の受注残は，1929年上期まで，28年下期を除けば3600－3700台余の水準を保っていたが，29年下期以降2000台レベルに低下し，31年上期には2058台となった。（同上，116ページ）

(2) 創業初期の販売先

日置工場時代から1931年上期にかけての織機の販売先を内地向けについて見ると表6-2の通りで,豊田紡織本社工場,同刈谷工場,豊田織布菊井工場,豊田押切紡織,菊井紡織から成る豊田家関係工場が合計して全体の33.3%を占めていた。豊田家の紡織事業が,資金面だけでなく市場面でも同家の創業期の自動織機事業を大きく支えていたことが明らかである。そしてこれに次いで,大阪合同紡績の10.5%,鐘淵紡績の8.8%,岸和田紡績の8.0%,愛知織物の6.9%,呉羽紡績の6.0%,出雲製織の5.2%,福島紡績の3.9%などが大口顧客であった。大紡績,中堅紡績の中で豊田佐吉や利三郎と関係が深かった会社が多く名前を連ねているように思われる。また,同じ時期における織機の輸出先を示す表6-3によると,この時期に既に内地向けの販売台数の約3割が輸出に向けられており,ここでは上海紡織の22.4%,内外綿の21.3%,鐘淵紡績の21.3%,朝鮮紡織の11.6%,豊田紡織廠の11.2%などが大口顧客であった。在華紡大手の3社(上海,内外,鐘淵),

表6-2 ㈱豊田自動織機製作所の自動織機の納入先(国内)—日置時代より1931年上期まで—

納入先	台数	%
豊田紡織本社工場	1,080	8.2
同　刈谷工場	1,004	7.6
豊田織布菊井工場	600	4.6
豊田押切紡織	36	0.3
菊井紡織	1,662	12.6
豊田系小計	4,382	33.3
大阪合同紡績	1,378	10.5
鐘淵紡績	1,160	8.8
岸和田紡績	1,045	8.0
愛知織物	902	6.9
呉羽紡績	792	6.0
出雲製織	681	5.2
福島紡績	508	3.9
河内紡織	500	3.8
内海紡織	400	3.0
その他	1,395	10.6
合計	13,143	100.0

出典) 前掲「四十年史」117ページ。

表 6-3 ㈱豊田自動織機製作所の自動織機の納入先（輸出）—日置時代より 1931 年上期まで—

納入先	台数	%
上海紡織	858	22.4
内外綿	816	21.3
鐘淵紡績	813	21.3
朝鮮紡織	443	11.6
豊田紡織廠	428	11.2
永安公司	228	6.0
東洋ポダーミル	205	5.4
デリークロスミル	20	0.5
アーメダバットミル	10	0.3
プラット	2	0.05
日華紡織	1	0.03
京城高工	1	0.03
合計	3,825	100.0

出典）表 6-2 に同じ。

朝鮮における最大手の日系紡績会社（朝鮮紡織），豊田紡織の在華紡子会社がそこに名を連ねていた。豊田紡織廠のシェアは 11％に止まっていたが，そこで 400 台を超える自動織機が順調に稼働していることが，大きなデモンストレーション効果を発揮したことは間違いない。

(3) 織機販売高の推移

　自動織機製作所の販売高の推移を国内向けと輸出向けとに分けてみてみると表 6-4 の通りで，創業当初の好調を反映して，国内向けの販売高は第 1 期である 1926（昭和元）年下期の 42 万 8000 円から 1928 年下期の 145 万 9000 円へと 3.4 倍に急増し，その後 1929 年上期にやや減少したが，それでもなお 110 万円台の水準をキープしていた。ところが，1929 年下期以降急減して，31 年上期にはわずか 12 万円を記録するに過ぎなくなった。昭和恐慌による販売不振がいかに深刻だったかが明らかである。その後 1931 年の満州事変と金輸出再禁止を契機とした日本経済の活況に支えられて，国内向けの販売高は 1934 年上期，35 年上期に 107 万円台，37 年上期に 115 万円台にまで回復したが，1927 年下期－28 年下期の 120 万円台－140 万円台の水準を超えることはなかった。自動織機の国内市場は早くも昭和恐慌期以降成熟段

表 6-4 ㈱豊田自動織機製作所の紡織機の仕向け先別販売高の推移（千円）

		織機			紡機			紡織機合計
		国内	輸出	合計	国内	輸出	合計	
1926年下期		428	—	428	—	—	—	428
1927年上期		888	—	888	—	—	—	888
	下	1,318	1 (0.1)	1,319	—	—	—	1,319
28	上	1,219	19 (1.5)	1,238	—	—	—	1,238
	下	1,459	— (—)	1,459	—	—	—	1,459
29	上	1,107	163 (12.8)	1,270	—	—	—	1,270
	下	822	306 (27.1)	1,128	99	—	99	1,227
30	上	557	115 (17.1)	672	135	—	135	807
	下	159	351 (60.8)	510	219	18 (7.6)	237	747
31	上	120	585 (83.0)	705	175	80 (31.4)	255	960
	下	286	297 (50.9)	583	499	— (—)	499	1,082
32	上	492	279 (38.7)	721	632	34 (5.1)	666	1,387
	下	847	9 (1.1)	856	747	27 (3.5)	774	1,630
33	上	793	18 (2.2)	811	919	— (—)	919	1,730
	下	841	5 (0.6)	846	1,116	60 (5.1)	1,176	2,022
34	上	1,079	218 (16.8)	1,297	1,527	79 (4.9)	1,606	2,903
	下	587	781 (57.1)	1,368	1,598	603 (27.4)	2,201	3,569
35	上	1,078	174 (13.9)	1,252	3,075	309 (9.1)	3,384	4,616
	下	869	524 (37.6)	1,393	2,595	582 (18.3)	3,177	4,570
36	上	511	952 (65.1)	1,463	2,986	534 (15.2)	3,520	4,983
	下	269	1,377 (83.7)	1,646	2,501	574 (18.7)	3,075	4,721
37	上	1,153	1,316 (53.3)	2,469	1,688	1,254 (42.6)	2,942	5,411

注）輸出の（ ）内は織機・紡機の合計に対する百分比（％）。
出典）前掲「四十年史」698, 702ページの巻末付表より作成。

階を迎えていたといえる。

　これに対して中国向けを中心とした輸出向けが1929（昭和4）年上期からその存在感を示し始め，30年下期から31年下期にかけては国内向けを上回り，恐慌期における国内向け販売高の低迷をカバーする役割を果たしていた。そして，34年下期，35年下期－36年下期と販売高は急増し，37年上期には高い水準にあった36年下期との比較でこそ若干減少したが，その水準自体は132万円とそれまでの最高の36年下期の138万円とほとんど肩を並べていた。そしてこの間，34年下期，36年上期－37年上期と4期にわたり，国内向けを上回っていた。34年下期から37年上期にかけての6期の累計では，輸出向け512万4000円，国内向け446万7000円で，輸出向けが国

内向けを 15％ 上回っていた。日中戦争が始まる前の 3 年間の時期には，自動織機の市場は国内から輸出へとその重点が移行していたのである。この時期の最後にあたる 1936 年上期から 37 年上期にかけての豊田自動織機製作所の自動織機の輸出の中心を占めていた中国からの受注の客先別の内訳を示すと表 6-5 の通りで，日本人紡績は ① 裕豊紡績，② 大康紗廠，③ 公大公司，④ 上海紡織，⑤ 岸和田紡，⑥ 同興紡織，⑦ 豊田紡織廠，⑧ 呉羽紡（丸かっこ内は順位）の順で並び，中国人紡績が 21.9％ のシェアを占めていた。日本人紡績では，4 大紡系の裕豊（東洋紡），大康（大日本紡），公大（鐘淵紡），同興（大阪合同紡），在華紡専業で三井物産系の上海紡織，豊田系の豊田紡織廠，豊田家と親しい関係にあった寺田系の岸和田紡，伊藤忠系の呉羽紡が大口顧客であり，中国人紡績にも全体の 2 割強の製品を売り込んでいた。そして，この中国人紡績向けの自動織機の販売拡大に寄与した㈱豊田紡織廠専務取締役西川秋次の役割については，㈱豊田自動織機製作所の「四十年史」が，次のように述べている。「西川秋次は，昭和五，六年ごろより豊田自動織機を中国に導入することに努力し，当時の在華日本人紡績にたいしてはもちろん，中国人経営の紡績会社に対しても，その採用を熱心にすすめて回った。そして，同氏の中国を愛する至情と，長い間の紡績経営の経験からでた信念にもとづく主張は，日中双方の紡績業者の間に，多くの共鳴者を得るこ

表 6-5 ㈱豊田自動織機製作所の紡織機の中国からの受注（1936 年上期－37 年上期）

発注先	紡機（錘）	％	織機（台）	％
大康紗廠	105,664	29.9	3,832	18.4
上海紡織	51,808	14.7	2,016	9.7
岸和田紡	51,720	14.6	1,056	5.1
豊田紡織廠	49,304	14.0	748	3.5
満洲製糸	15,960	4.5	—	—
呉羽紡	—	—	258	1.2
公大公司	—	—	2,044	9.8
同興紡織	—	—	868	4.2
裕豊紡績	—	—	5,472	26.2
日本人紡小計	225,152	63.7	16,294	78.1
中国人紡小計	128,248	36.3	4,572	21.9
合計	353,400	100.0	20,866	100.0

出典）前掲「四十年史」166 ページ，第 41 表より作成。

とができ，……こうした西川秋次の努力は，やがて実をむすびその後における日華関係の好転とともに，昭和八年ごろより当社の対中国輸出が再開され，日華事変勃発直前にはその最盛期をむかえることになった。」(㈱豊田自動織機製作所 1967, 163-164 ページ) 日中親善を願う紡績経営者西川秋次のたゆまぬ努力が，上述のような 1934 (昭和 9) 年下期以降における㈱豊田自動織機製作所の自動織機輸出の急増の背景にあったことが明らかである。

(4) 紡機生産の開始

1928 年，金解禁の機運が高まり，景気後退の気配が濃厚となってきたので，同社は来るべき不況に対処するため，紡機生産を始めることを決定した。「まず，精紡機のテープドライブ装置，セパレーターの製作より開始し，これを三井物産が輸入する精紡機に取り付けて納入することとし，ついでプラット社の精紡機を原型にして，はじめて当社の精紡機が設計された。ちょうど豊田紡本社工場 8,000 錘増設，中央紡織の刈谷新設が決定したときにあたり，両社からそれぞれ 10 台の注文を受け，製作に着手した。」(㈱豊田自動織機製作所 1967, 153 ページ) 同社の紡機生産開始に当たり，同じ豊田グループの紡績会社の設備の新増設が，製品の販売先を保証していたのである。次いで，呉羽紡績，天満織物，大日本紡績からの大量発注があり，このうち呉羽紡績からの発注については，同社の社主である伊藤忠兵衛と豊田利三郎との親密な関係がそれに大きく貢献していた。同社の「四十年史」は，このあたりの事情について次のように述べている。「伊藤忠兵衛と豊田利三郎は，若い時から特別な親交があり，ともに長い間綿業にたずさわってきた。当社が製作を開始した紡機や，伊藤忠兵衛が設立した呉羽紡績の設備については，お互いに遠慮のない意見を活発にかわしたといわれ，その方針をついだ双方の部下のひとたちもまた，お互いに大いに切磋琢磨したことが伝えられている。」(同上，155 ページ) また大日本紡績との関係につては，同じく「四十年史」が，同社の今村奇男の指導のもとに完成したハイドラフトの栄光式精紡機が非常な好評を博したと述べている (同上，158 ページ) ことからみて，同社常務取締役の地位にあった (1931 年から 37 年まで) 今

村との関係が，この大量発注をもたらしていたと考えられる。

(5) 紡機販売高の推移

紡機は 1929（昭和 4）年下期から販売高が計上されるようになったが，その国内向け販売高は，1930 年下期には早くも 21 万 9000 円を記録して恐慌の影響で急落した織機の国内向け販売高の 15 万 9000 円を上回り，翌期の 31 年上期こそ 17 万 5000 円とやや減少したものの，その後は急増して，35 年上期には 307 万 5000 円，30 年下期の水準の 14.0 倍になった。その後 1935 年下期 259 万 5000 円，36 年上期 298 万 6000 円，同下期 250 万 1000 円，37 年上期 168 万 8000 円と一進一退したが，36 年上期までの水準は 30 年下期の 11.4 倍－13.6 倍という高いものであった。そしてこの間，紡機の国内販売高は 32 年下期を除いて織機の国向け販売高を一貫して超えており，織機の国内向け販売高が急減した 36 年下期には前者が後者の実に 9.3 倍に及んでいた。1930 年下期以降，当社の国内営業の重点は完全に織機から紡機へ移行していたのである。（以上の数字は「四十年史」698，702 ページ掲載の販売実績表による）

一方，紡機の輸出も表 6-4 に示されるように，1934 年下期から目立った実績を挙げるようになり，34 年下期 60 万 3000 円，35 年下期 58 万 2000 円，36 年上期 53 万 4000 円，同下期 57 万 4000 円，37 年上期 125 万 4000 円を記録した。この数字が伸びている 34 年下期，35 年下期，37 年上期の輸出高が紡機の販売高全体に占める比率をみておくと，それぞれ 27.4％，18.3％，42.6％であった。また，紡機の輸出高を織機の輸出高と比べてみると，1934 年下期－37 年上期の合計で，織機 512 万 4000 円に対して紡機は 385 万 6000 円で紡機が織機の 75％に及んでいた。同社の紡織機輸出の中心は自動織機であったが，日中戦争勃発直前の時期には，紡機輸出も自動織機に追いつく一歩手前の地位にあったといえる。前掲表 6-5 によって 1936 年上期から 37 年上期にかけての時期における中国からの紡機受注の内訳をみてみると，①大康沙廠 10 万 5664 錘（29.9％），②上海紡織 5 万 1808 錘（14.7％），③岸和田紡 5 万 1720 錘（14.6％），④豊田紡織廠 4 万 9304

錘（14.0％），⑤満州製糸 1 万 5960 錘（4.5％），中国人紡績計 12 万 8248 錘（36.3％）（日本人紡績のみ，個々の会社別に順位を付した）のごとくで，日本人紡績では大日本紡績，上海紡織，有力中堅紡績の岸和田紡，豊田紡織廠が上位を占め，中国人紡績も 36％のシェアを占めていた。日本人紡績については，今村との関係があった大日本紡績，豊田家との関係が強かったと思われる寺田家の岸和田紡績，三井物産系の上海紡織，豊田家の豊田紡織廠が圧倒的地位を占めていた。中国人紡績への販売についても，既に述べた西川の貢献が大きかったと思われる。

(6) 紡織機メーカーとしての地位とパフォーマンス

㈱豊田自動織機製作所の紡織機械業界における地位を確かめるために，協調会の「全国工場鉱山名簿（1931 年 10 月）」によって，1931 年 10 月末における機械製造業に分類されている常時使用する職工数 50 人以上の工場のうち，主要生産品が紡績機械，自動織機，織機のいずれかである工場をリストアップし，職工数で上位 10 位以内に入る工場を一覧表にして示したのが表 6-6 である。これによると，豊田式織機が職工数 1276 人を擁して断然 1 位で，これに豊田自動織機製作所の 491 人が続いて 2 位であった。そして紡織

表 6-6　紡織機を製造する主要工場一覧（1931 年 10 月 1 日現在）

企業名	職工数	順位
豊田式織機㈱	1,276	1
㈱豊田自動織機製作所	491	2
㈱昭和工作所	393	3
野上式自動織機㈱	320	4
㈱梅田製鋼所	306	5
㈱大阪機械製作所	299	6
遠州織機㈱	277	7
川西機械製作所	176	8
寿製作所	173	9
鈴木式織機㈱	151	10

注）主要生産品が紡織機械で，職工数 50 人以上の工場を企業ごとにまとめて順位をつけた。
出典）協調会「全国工場鉱山名簿　昭和 7 年 2 月」第九類機械製造業より作成。

機製造専業メーカーとしては，この後に野上式自動織機㈱の320人，遠州織機の277人，鈴木式織機の151人が続いていた。1位の豊田式織機と2位の豊田自動織機製作所との開きは大きかったが，2位と3位以下との間にもかなりの開きがあった。豊田自動織機製作所は，創業数年で既に20年以上の歴史を閲した日本最初の本格的紡織機メーカーである豊田式織機と並んで日本の綿紡織機業界の主導的メンバーとなっていたのである。

そこで，この2大メーカーの1930（昭和5）年10月－31年9月の1年間における出荷額ベースでの比較を行うために作成した表6-7によると，紡織機合計では豊田式織機（以下豊田式と略称）を1とすると，豊田自動織機（以下，自動織機と略称）は0.6であり，織機と紡機に分けてみると，織機では，自動織機が豊田式の2.0倍，紡機では，自動織機が豊田式の0.3倍であった。この結果，紡織機合計では自動織機は豊田式の6割程度の水準に止まらざるを得なかった。ところで，豊田式織機の出荷額もしくは売上高を知ることができるのはこの時期についてのみで，時系列に沿って両社のこの数字を比較することはできない。

そこで，これに代わって自動織機製作所の「営業報告書」ベースの製品・屑物販売益（以下，販売益と略す）に対応する数字を豊田式織機の「営業報告書」から算出し，これと自動織機製作所の製品・屑物販売益を各期につい

表6-7 豊田式織機㈱と㈱豊田自動織機製作所の紡織機売上高の比較（1930年10月－1931年9月）

	豊田式織機㈱			
	1930年下期	1931年上期	合計	倍率
織機	333,000円	255,000円	588,000円	1
紡機	875,000	1,307,000	2,182,000	1
合計	1,208,000	1,561,000	2,769,000	1
	㈱豊田自動織機製作所			
	1930年下期	1931年上期	合計	倍率
織機	476,000	674,000	1,150,000	1.96
紡機	271,000	286,000	557,000	0.26
合計	747,000	960,000	1,707,000	0.62

注）倍率は，豊田式織機の数値を1とした豊田自動織機の数値の倍率を示す。
出典）豊田式織機の数値は，愛知県「愛知県史資料編30 近代7 工業2」（2008年）662-664ページ所収の「第49期〔決算〕（自1930年10月至31年3月），「第50期〔決算〕（自1931年4月至同9月），豊田自動織機製作所の数値は，前掲「四十年史」252ページ，第52表による。

て比べることとした。まず，1931（昭和 6）年上期（3 月期）における豊田式織機と豊田自動織機製作所の損益勘定を示すと以下の通りである。

豊田式織機			豊田自動織機製作所		
〈資産勘定〉			〈収入ノ部〉		
所有財産損金	20,060 円		製品販売益	386,412 円	
内訳			屑物販売益	428	
家屋減価損金	7,000		雑益	36,574	
機械減価損金	8,558		合　計	423,415	
什器減価損金	4,502		〈支出ノ部〉		
〈営業勘定〉			事務所費	160,997	
営業総益金	539,472		工場費	213,519	
内訳			研究費	17,031	
製作益金	410,497		合計		
販売益金	114,172		差引当期利益金	31,868	
雑益金	14,802				
営業総損金	388,915				
内訳					
事務費	108,301				
工場費	246,566				
その他	34,048				
差引営業益金	150,557				
〈総勘定〉					
総益金	1,041,015				
内訳					
営業総益金	539,472				
前期繰越金	501,542				
総損金	408,975				
内訳					
所有財産損金	20,060				

営業総損金　　　　388,915

差引当期利益金　　632,039

両社の損益勘定を比較すると，豊田自動織機の「収入ノ部」中の製品販売益と屑物販売益の合計が，豊田式織機の「営業勘定」「営業総益金」中の製作益金と販売益金の合計に対応しており，これに雑益を加えた金額から工場費や事務所費（あるいは事務費）などを控除して当期利益が算出されているから，この販売益（製品販売益と屑物販売益の合計もしくは製作益金と販売益金の合計）は，売上高から原材料費等を差し引いた差額ということになる。この販売益から減価償却費，工場費，事務所費などが差し引かれた残りが差引当期利益であるから，販売益は企業の収益力や競争力を決める重要なファクターである。表6-8は，両社の販売益の推移を比較したものであるが，豊田自動織機製作所は，1933（昭和8）年9月に自動車部を設置して，これを境に自動車製造に力を割き，1933年下期以降の数字にはその影響が出ているであろうから，両社の紡織機事業の規模を比べるには，1933年上

表6-8　㈱豊田自動織機製作所と豊田式織機㈱の販売益の比較（千円）

決算期	豊田自動織機	豊田式織機	倍率
1927年3月	325	759	0.43
9	632	685	0.92
1928年3月	715	622	1.15
9	690	549	1.26
1929年3月	694	679	1.02
9	543	692	0.78
1930年3月	569	695	0.82
9	421	521	0.81
1931年3月	387	524	0.74
9	538	577	0.93
1932年3月	593	610	0.97
9	775	751	1.03
1933年3月	933	908	1.03
9	903	—	—

注）1　販売益は，損益計算書から次の算式で算出した。豊田式織機では，販売益＝差引当期利益金－雑益金－前期繰越金＋総損金。豊田自動織機では，販売益＝差引当期利益金－雑益＋支出合計。
　　2　倍率＝豊田自動織機÷豊田式織機
出典）各社「営業報告書」。

期までの時期を対象にするのが適当であると思われる。そこで，この時期までについて両社の数字を比べると，創業直後の1927年上期を別にして，1927年下期から1933年上期までの時期についての合計をとると（表6-8より算出），自動織機製作所の販売益額は豊田式織機の96％に及んでいた。販売益でみると，豊田自動織機製作所は豊田式織機とほとんど同じ大きさの利益を挙げていたのである。

次に視野を広げて，豊田式織機や豊田自動織機以外の中小メーカー，遠州織機（旧鈴政式織機）や鈴木式織機を加えた専業的綿紡織機メーカー4社の利益率（対払込資本金）を見てみると，表6-9の通りで，自動織機製作所の創業初期の1927年上期を別として1931（昭和6）年下期まで，大手である

表6-9 主要紡織機メーカー4社の払込資本金利益率の推移（％）

決算期	豊田自動織機	豊田式織機	遠州織機	鈴木式織機
1927年上期	3.2	20.1	9.7	8.0
下期	12.0	19.0	9.0	9.6
1928年上期	14.6	15.7	7.7	9.6
下期	16.3	28.1	8.3	9.6
1929年上期	17.3	16.7	8.3	9.6
下期	18.1	18.7	8.5	—
1930年上期	15.7	19.0	9.7	0.6
下期	8.5	11.9	6.4	0.9
1931年上期	8.5	13.8	1.1	7.2
下期	15.5	13.8	0.3	7.2
1932年上期	10.9	13.9	0.0	12.0
下期	13.9	19.1	0.0	20.8
1933年上期	16.0	19.0	15.3	21.2
下期	20.4	22.1	23.9	20.8
1934年上期	20.4	29.5	36.9	21.6
下期	24.5	25.1	36.4	62.4
1935年上期	24.0	20.2	45.0	21.5
下期	14.9	22.0	42.2	25.0
1936年上期	17.6	19.7	42.2	28.0
下期	17.2	16.9	47.2	26.5
1937年上期	11.8	16.6	55.6	37.0

注）豊田自動織機の1934年上期の当期利益率は，損益計算書上の利益では，76.4％であるが，この期の利益には，仮受金より繰り入れた臨時収入42万円が含まれているので，それを除いた利益にもとづいて利益率を算出した。
出典）各社「営業報告書」より算出。

豊田式織機と豊田自動織機がともに中小規模の遠州織機と鈴木式織機を明確に上回っていた。綿紡織機械業界では，昭和恐慌期までは，大手の2社と中小メーカーとの間に大きな利益率の格差が存在していたのである。しかし，1932（昭和7）年以降，大手メーカーが自動車事業へ多角化し[1]，この事業がすぐには十分な利益を挙げることができなかったために，会社全体の利益率の上昇がおだやかなものに止まったのに対して，金輸出再禁止と満州事変による好況に恵まれて，中小メーカーの利益率が急上昇したので，1934年上期頃からは中小メーカーの方が2大メーカーを上回ることが多くなった。そしてこの間，1931年4－5月から2大メーカーは三井物産に仲介された販売協定を結んで，お互いの間の激しい販売競争を規制していた[2]。表6-9で豊田式織機と豊田自動織機の利益率の低下が，1930年下期あるいは31年上期に底を打って，31年上期もしくは同年下期から上昇に転じているが，この協定がこの利益率の反転の契機になったことは確かであろう。また，この表で豊田式織機と豊田自動織機の利益率を比べてみると，豊田自動織機の創

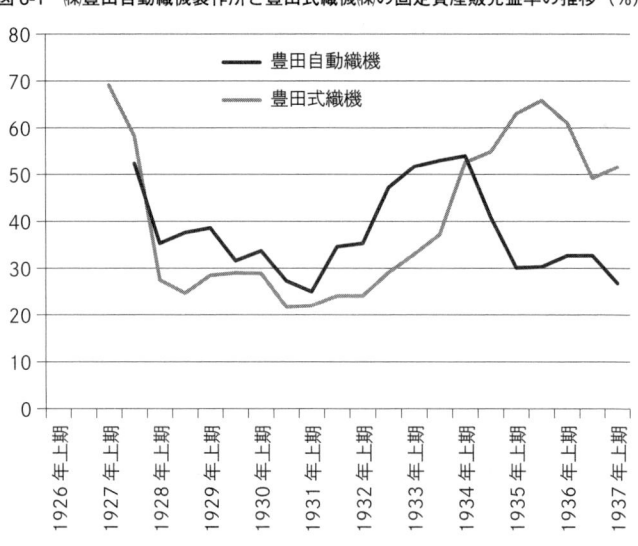

図6-1 ㈱豊田自動織機製作所と豊田式織機㈱の固定資産販売益率の推移（％）

出典）両社「営業報告書」，東洋経済新報社「株式会社年鑑」各期版より作成。

業期である1927（昭和2）年上，下期と豊田式織機のみの利益率がひときわ高くなった1928年下期を別にすると，両社の間にそれほど大きな利益率の違いは認められない。払込資本金利益率では，両社はほぼ同じようなパフォーマンスを挙げていたとみることができよう。

但し，上記の販売益に注目して固定資産販売益率の推移をみてみると図6-1の通りで，自動車事業への進出の影響が出ていない1934年上期まで豊田自動織機の方が豊田式織機を上回るケースの方が多かった。販売益は，減価消却費や研究開発費，工場費，事務費，配当金，内部留保の原資となる項目だから，企業の競争力や株主への利益の社外配分を決める要因であり，それの固定資産に対する割合が大きいことは，それだけ企業間の競争や利益の社外配分においてその企業が優位に立っていることを示している。豊田自動織機は豊田式織機に対してこの両面で優位に立っていたのである。

3　㈱豊田自動織機製作所の事業展開―自動車事業への進出―

(1)　豊田喜一郎の事業構想

1930（昭和5）年1月の「年頭の辞」で，㈱豊田自動織機製作所の社長であった豊田利三郎は，折からの不況に対処するために，これからは紡機の製作事業にも進出して，織機と紡機の2本立てで，豊田紡織㈱だけでなくそれ以外の紡績会社からの注文にも応ずるようにしたいという経営方針を明確にした。（由井・和田 2001, 254-255 ページ）これは単なる不況克服策に止まらず，この不況は景気循環の一局面であるから，やがて景気が回復するに伴って紡績業の成長とともに紡織機製造業の成長が可能になるという，やや長期の経営方針をも示していた。一方，同社の常務取締役であり，当時，プラット社へのG型自動織機の特許権譲渡交渉のため欧米に渡航していた豊田喜一郎は，利三郎とは異なる事業構想を固めつつあった。その過程を詳細に観察した和田一夫の研究によれば，結論的に以下のようなことがいえそうである。喜一郎は，既に1922（大正11）年1月にイギリス，オールダムにあるプラット社で短期間の工場実習を経験しており，1929年9月から30年

4月にかけての欧米出張の途中でのオールダム訪問は7年ぶり2回目であったが，この間におけるオールダムやプラット社の様変わりした姿は，彼に強い衝撃を与えた。「1922年にオールダムの街を訪れていた喜一郎にとって，それからわずか七年後に『豊田・プラット協定』締結のために訪問したオールダムが，三割を超える失業率の町になっていたことは，大きなショックであったろう。また鈴木周作[3]から喜一郎のもとに，逐一届けられたプラット社製造現場や会社の動向に，喜一郎は大きな危機意識を持ったことであろう。1930年代の世界は，すでに天然繊維だけでなく化学繊維の需要が伸びていた時代である。そうした需要の変化に応えて，繊維機械メーカーとしての豊田自動織機製作所が，どのように生きていくかを自問自答していたのではなかろうか。そして彼は，プラット社やオールダムの町の大きな変化を見ながら，確実に産業構造の転換が世界的に起きていることを，身をもって体験していた。そのことこそが1929年から30年にかけての旅で，喜一郎が得た最大の収穫であったと言えよう。」（由井・和田2001，249ページ）また，「『豊田・プラット協定』の締結そのものが，実は喜一郎にとって最大の驚きであったであろう。……そのことは，技術者としての喜一郎にとって，このうえない誇りであり，喜びであったに違いなかった。しかし，そうした喜びの一方で，喜一郎はプラット社ともあろう会社が，なぜ自動織機を開発できなかったかという疑問も抱いた。……当時，日本は欧米諸国からはるかに遅れた工業国だという意識が強かったから，日本の明日を先進国の現状に重ね合わせても不思議ではない。したがって，喜一郎がプラット社の状況に明日の豊田自動織機の姿を重ね合わせても，それも特別な発想ではなかった。そして，1929年から30年にかけてのプラット社の状況は，喜一郎の考えた豊田自動織機の未来に希望を与えるものではなく，まったく悲観的な状況であった。……万物は生滅・変化するもので常住ではありえないことに，あらためて気づかされたに違いない。そして，この約十年間の劇的な変化こそが，喜一郎が密かに抱いていた構想を最終的に決断させるものだったのではなかろうか。」と和田は述べている。（同上，261-262ページ）

そして，「喜一郎は，帰国後ただちに行動に移った。帰国直後の彼の行動

について，トヨタ自動車の古参社員たちは，喜一郎の帰国した翌月，つまり1930年5月ころには『豊田自動織機製作所の機械工場内に，自動車の研究室を開設し，自動車に関する調査研究に着手した』と語っている。しかし喜一郎が，この時点で明確に自動車に的を絞って調査・研究を開始したという事実は，伝聞や風説以外には何も残されていない。」(同上，262-263ページ) 和田は，「喜一郎の自動車事業への進出決断が，いつなされたのか」について，さまざまの「エピソードや彼の周囲にいた人びとの推測には依拠しないで，できるだけ喜一郎自身の行動によって，その時期を確定してみたい」と思い，さまざまの資料を検討した結果，「当時の日本で，自動車の専門的研究者として名声が高まりつつあった隈部一雄に示したスミス・モーターの試作機こそが，喜一郎の秘めたる計画を明らかにした最初のものであった」(同上，273ページ) と結論づけている。1930 (昭和5) 年10月に機械学会の臨時総会が名古屋で開かれた際に，公開講演会が開かれ，そこに東京帝大で喜一郎と同窓だった隈部一雄が講師の一人として招かれていたのだが，そこで喜一郎は大学卒業以来約十年ぶりに隈部と再会して，彼に自分が作ったスミス・モーターという小さなエンジンが回るところを見て批評して欲しい旨頼んだのである。隈部はそれを引き受け，エンジンが滑らかに回るのを見て，無条件にその出来栄えをほめたところ，それを聞いて喜一郎が大変喜んだという。隈部が語ったこのエピソードは，彼が自動車研究者として有名になっていた時だというタイミングを併せ考えると，喜一郎が自動車に対する自分の思いを隈部という友人を含む多くの人々の前で明らかにした情景を鮮やかに示している。それ故に和田は，この時に喜一郎の自動車事業進出の決断がなされ，「これ以後，喜一郎は自動車事業への進出に向けて，ひた走ることになる。」(同上，274ページ) と述べたのである。

(2) ㈱豊田自動織機製作所の自動車事業への進出過程

㈱豊田自動織機製作所の「四十年史」は，同社の自動車事業への進出過程について次のように述べている。「国産自動車の製造が，新たに当社の事業の一つに加えられたのは昭和八年九月一日のことであった。これはもち

ろん，常務豊田喜一郎の決意によって生まれたものであるが，また父佐吉の強い遺志も，大いにあずかって力があったといえる。佐吉はかねてより，一人一業主義を説き，自らは自動織機の発明に一生をかけてきたが，子供の喜一郎には，次代の事業として国産自動車の製造を口やかましくすすめてきたものである。」(同上，184ページ) 1931 (昭和6) 年から 32 年にかけて，既存メーカー以外の大小資本家の手によって，自動車の生産が次々に計画されるという状況のなかで，「喜一郎は自動車製造の準備をひそかにすすめていた。しかし，そのころの当社は創立後日なお浅く，その経済力，技術力とも十分でなく，自動車事業は，一族や株主からの強い反対が予想された。またフォード，シボレーなどが妨害工作に乗り出すおそれもあったので本格的に着手する時期の選定については慎重をきわめた。機が熟するまでは，この意図が外部に漏れることのないよう細心の注意が払われ，自動車に関する調査研究は，すべて喜一郎の個人的研究として，工場の一隅で極秘にすすめられた。……たまたま昭和四年十二月には，自動織機の特許を英国プラット社に譲渡する契約が結ばれ，その譲渡代金が喜一郎の手に入り，研究資金も豊富になったので，このころから急速に研究がすすんだ。」(同上，187-188 ページ) ところが，和田一夫の研究によれば，この記述のうち，喜一郎の自動車事業への取り組みが佐吉の遺志であるという点と，プラット社への自動織機の特許権の譲渡代金が㈱豊田自動織機製作所の自動車事業への進出資金として使われたという点はいずれも事実に反するようである。まず第一点についていえば，佐吉は喜一郎の進路について，「つねづね『発明などというものはなかなか出来るものではない。そんなものに没頭するよりも紡績事業を一所懸命やれ』(由井・和田 2001，147 ページ) と喜一郎に言っていたという。

　もっとも，喜一郎自身が，自動車事業をやるのは佐吉の遺志だということをしばしば言っていたようであるが，これは，和田によると，喜一郎の自動車事業への取り組みに対する周囲の批判をかわすための方便だと考えた方が良いようである。第二点については，最初に払われた特許権譲渡代金の一部，日本円換算 25 万円と同額が，同じ時期に発明関係者及び従業員に対す

る報奨金として払われたという厳然たる事実がある。当時，昭和恐慌の影響で会社の業績は悪化し，加えて1930（昭和5）年10月に創業者の佐吉が逝去して従業員のモラルは低下していたのであるが，「喜一郎は，『豊田・プラット協定』の一時金を従業員に分配することで，従業員のモラール向上という新規事業の進出にとって最も大切な『下地』を構築することができたのである。」（同上，282ページ）

ところで，㈱豊田自動織機製作所は，1933年9月1日に自動車部を設置して，会社として自動車事業に取り組むことを明確にしたが，上述のスミス・モーターの試作の成功からこの間に3年の時間が過ぎていた。「四十年史」は，この間に何が行われたかについて何も述べておらず，和田もこのことを問題視して，独自の調査から，自動車製造で技術的に決定的に重要な電気炉溶解で鋳鉄を作る努力を続けていたことを明らかにしている[4]。そして，自動車製造についての技術的見通しがついた段階で，喜一郎は自動車事業への進出について社長である豊田利三郎の内諾を得ることが必要だったが，その時期について，和田は，同社の「営業報告書」の支出内容の分析から，「遅くとも1932年度の上半期が終わるころには，利三郎は自動車事業への進出に対して内諾していたものと思われる。」と推定している[5]。（同上，291ページ）

同社は，次いで1933年12月30日に臨時取締役会を開いて，自動車事業を社業に加えることを決め，34年1月29日の臨時株主総会で，資本金を100万円から300万円にふやすこととともに，会社の業務に「原動機及動力運搬機械ノ製作販売」，「製鋼製鉄其ノ他精錬ノ業務」を追加するという定款の変更を決議した。

「四十年史」によれば，1934年初めから製鋼所1棟（800坪），試作工場2棟（1000坪）の建築が開始され，（同書，189ページ）「豊田喜一郎伝」巻末の年表によると，同年3月に試作工場が完成して操業を開始し，製鋼工場は7月に完成した。この間，自動織機製作所は，まず33年型シボレー・セダンを購入し，次いでその純正部品，模造部品も購入してそれらの徹底的分析研究を行うとともに，設計の基本構想として，エンジンはシボレー，シャー

シーはフォード，乗用車のボデースタイルはクライスラー系のデソートにすることを決定した。そして，1934（昭和9）年4月に34年型デソート・セダン，5月にシボレー・セダンを購入して，それらの分解スケッチにとりかかり，34年10月には最初のエンジン（A型）が，翌35年5月には大型乗用車試作第1号（A1型）が完成した。

この間に，商工省，陸軍省からトラック，バスの製造を要請されたので，1935年3月にはトラック部門を設け，34年型フォード・トラックを購入してそれを参考にトラックの設計に着手し，同年8月にはA1型エンジンと同じものを載せたトラック第1号車を完成し，テストを行った。そして，11月20，21日には芝浦でトヨタ号トラックを一般に公開した。トラックの生産が順調に進んだので，トラック月産200台計画を500台計画に改めて工場を拡張することとし，1935年10月から約2万坪の組み立て工場の建設に着手，翌36年5月これを完成した。

一方乗用車の方は，1935年秋に型の製作を終わり，年末からボデーの組み立てができるようになったが，トラックの製作が先行したので，36年5月からその生産がようやく軌道に乗り，9月14日には大衆自動車完成記念展覧会が開かれ，ほろ型（AB型）1台，箱型（AA型）4台の乗用車等が展示された。

この間に，政府の国産車を優遇する政策も進み，1935年8月9日に閣議

表6-10 ㈱豊田自動織機製作所の売上高の推移（千円）

年次	紡機	織機	自動車	鋼製品	合計
1933年上期	940 (54.3)	790 (45.7)	—	—	1,730 (100.0)
下期	1,206 (59.6)	816 (40.4)	—	—	2,022 (100.0)
1934年上期	1,639 (56.5)	1,264 (43.5)	—	—	2,903 (100.0)
下期	2,226 (62.4)	1,343 (37.6)	—	—	3,569 (100.0)
1935年上期	3,428 (74.2)	1,188 (25.7)	—	2 (0.0)	4,618 (100.0)
下期	3,263 (68.2)	1,307 (27.2)	191 (4.0)	25 (0.4)	4,786 (100.0)
1936年上期	3,527 (61.2)	1,456 (25.3)	767 (13.3)	10 (0.2)	5,760 (100.0)
下期	3,110 (44.1)	1,611 (22.9)	2,266 (32.2)	60 (0.5)	7,047 (100.0)
1937年上期	3,015 (27.8)	2,396 (22.1)	5,357 (49.3)	91 (0.8)	10,659 (100.0)

注）かっこ内は，合計に対する百分比（％）。
出典）前掲「四十年史」252ページ，第54表より作成。

表 6-11 ㈱豊田自動織機製作所の自動車生産実績（台）

年次	トラック	バス	乗用車	合計
1935 年下期	99	9	—	108
1936 年上期	358	71	74	453
下期	818	155	145	1,118
1937 年上期	1,584	242	319	2,145
合計	2,859	477	488	3,824

出典）前掲「四十年史」219 ページ，第 49 表。

で自動車工業法要綱が決定され，36 年 5 月 29 日には自動車製造事業法が公布された。そして同年 9 月 9 日には同法にもとづいて自動車製造事業委員会が組織され，9 月 15 日にはその第 1 回委員会で同社と日産自動車の 2 社が同法にもとづく許可会社に指定された。（同上，188-194 ページ）

　自動車部門へ進出する過程で同社の売上高構成がどのように変化したかをみてみると表 6-10 の通りで，1935（昭和 10）年上期（35 年 9 月期）まで自動車の売上高は計上されず，ようやく 35 年下期（36 年 3 月期）になって 19 万 1000 円（売上高合計の 4.0％）が計上された。そして，その後 1936 年上期 76 万 7000 円（13.3％），同下期 226 万 6000 円（32.2％），37 年上期 535 万 7000 円（49.3％）と急増した。自動車部門が当社から分離される直前には，同社の売上高のほぼ半分が自動車によって占められていたのである。そして，自動車部門分離前の同社自動車の生産実績は表 6-11 の通りで，全体の 87％がトラック・バスによって占められ，乗用車は 13％を占めるにとどまっていた。

(3) 自動車部門の分離

　1933（昭和 8）年 9 月に自動車の製造を社業に加えることを決定した豊田利三郎と喜一郎は，直ちに工場用地の選定にとりかかり，結局 1935 年 12 月に愛知県西加茂郡挙母町で 58 万余坪の土地を買収することに成功した。自動車の生産が軌道に乗ったことを確認した上で 1937 年 8 月 27 日に新会社，トヨタ自動車工業株式会社（資本金 1200 万円）の創立総会が開かれた。そして同日付で㈱豊田自動織機製作所との間に㈱豊田自動織機製作所自動車事

業に関する「譲渡契約書」が交わされ,「昭和 12 年 9 月 30 日現在の姿で,債権, 債務, 土地, 物件, 従業員等いっさいが, 同社に引きつがれることになった」。この契約にもとづき, トヨタ自動車工業㈱に譲渡された金額,及び㈱豊田自動織機製作所に残留した金額は表 6-12 の通りである。(同上,214-220 ページ)

表 6-12 ㈱豊田自動織機製作所からトヨタ自動車工業㈱に譲渡した金額と会社に残留した金額
(1937 年 9 月 30 日現在, 千円)

負債の部			
科目	譲渡金額	残留金額	合計
資本金	−	9,000	9,000
積立金	−	444	444
従業員保護基金	−	194	194
法定退職準備積立金	9	8	16
幸福増進基金	−	30	30
繰越金	−	75	75
支払手形	3,500	5,000	8,500
掛買代金	8,966	2,914	11,880
預り金	191	616	807
仮受金	385	9,785	10,170
当期利益金	−	561	561
合計	13,050	28,626	41,677
資産の部			
科目	譲渡金額	残留金額	合計
土地	151	180	331
建物	532	1,437	1,970
機械	6,886	1,537	8,423
工具	1,319	457	1,776
什器	153	154	307
特許権	−	35	35
有価証券	364	8,226	8,590
用度品	206	119	325
材料品	8,763	2,836	11,599
仕掛品	1,860	1,271	3,131
製品	264	997	1,262
掛売代金	40	1,991	2,031
請取手形	−	50	50
預け金	−	860	860
退職手当準備積立預金	9	8	16
仮出金	752	212	964
現在金	−	7	7

合計	21,300	20,376	41,677
差引譲渡金額	8,250		

出典）同上「四十年史」222ページ。

[注]

1） 1930年11月に，豊田式織機㈱は，日本車輌製造，大隈鉄工所，岡本自転車と協力して国産高級乗用車「アツタ号」の開発に着手し，32年2月に試作車2台を完成した。同社は，エンジン・ニッケル鋳物の製作を担当した。しかし，製作費が輸入車フォードの価格を大きく上回り，4社の足並みがそろわなかったこともあって，この作業は，試作のまま打ち切りとなった。同社は，これと前後して独自に自動車部を設置して自動車の研究開発を手掛け，1933年11月に木造平屋建て100坪の自動車製造工場を建設し，34年1月から，ノックダウン方式でバス（キソコーチ号）の製作に取り組んだ。1935年5月に20台を完成して名古屋市電気局に納入した。しかし，採算の見通しが立たず，本業の紡織機の生産が多忙になってきたため，その製造を中止し，36年4月には自動車部を解散した。（豊和工業株式会社「豊和工業100年史」2007年，48ページ）

2） 1931年4月7日に，三井物産の仲介で「両豊田協定会議」が開かれ，両豊田社及び三井物産との間に次のような暫定的協定が結ばれた。一　纏リタル『インクワイリー』ハ各自一度三井物産ヘ持チ来リ各社ノ仕事ノ都合及買手ノ意向，競争者ノ動静，値段等各々ノ知識ヲ持チ寄リ……何レノ製品ヲ以テ単独又ハ綜合ニヨリ注文獲得スルカヲ決定スル事，二　総テノ注文ハ大小ニ不拘三井物産経由ノ事，三　毎月一回此種ノ会合ヲ催スモノトス。次いで同年5月27日に「両豊田社協議会」が開かれ，「その後，この会議は，三社の実務担当者による会議（毎月第一週火曜日に開催する一火会）と，両豊田のトップを含む幹部と三井物産常務・機械部長などが出席する次水会（毎月第二週水曜日開催）の二つの会議となり，両会議は並行して戦時下に至るまで開催された。」「一火会は，具体的な製品販売の実務を中心に協議し，次水会は中国市場・インド市場問題，プラット社との関係，両豊田の資金問題など基本方針や大枠の問題について協議している。」（愛知県史編さん委員会『愛知県史　資料編29　近代6　工業1』2004年，700-701, 1012ページ）

3） 「『豊田・プラット協定』に基づいて，豊田自動織機は技術者一名をプラット社に派遣した。鈴木周作である。彼は優秀な技術者であったらしく，その滞在中の1931（昭和6）年2月21日にプラット社は，彼との共同で特許を申請したほどであった。彼の優秀さは，同年5月13日に開催した取締役会が，帰国前の鈴木周作に対して14か月間の努力に報いるための記念品を贈る決議をするほどだった。」（由井・和田2001, 229ページ）

4） 和田は，1932（昭和7）年春に豊田自動織機に入社した2人の技術系の社員，白井武明（デンソー名誉顧問）と原田梅治（元，豊田自動織機製作所専務）が，「この頃具体的に何を喜一郎に命じられ，何を行なっていたかを知ることで，喜一郎の意図を推定」している。白井は，「実際にある簡易なエンジンの模倣，それを修正したエンジンの設計，さらに実際の自動車部品のスケッチ」を命じられ，部品のスケッチではその材質の調査が当然に必要であった。原田は，「喜一郎の直属で個人的な薫陶を約半年受けたあと」鋳造工場行きを命じられ，行ってみると「すでに電気炉が設置されており，電気炉で高級鋳鉄をつくろうとしていた」が，「その試みは，失敗の連続で成功がおぼつかない状況」だった。「原田は鋳造工場に行ってみて，鋼と鋳鉄では炭素の含有量が違うことすら理解されないまま，電気炉で鋼をつくると同様な方法で鋳鉄をつくろうとしていたことに驚いたという。当時，鋳造の現場では，伝統的な鋳物師と呼ばれた職人たちがキューポラ鋳造の現場を取り仕切るのが普通で，炭素含有量を分析するという発

想すらなかったのである。」そこで原田は，炭素やシリコンの成分量の分析からとりかかった。これらの過程を経て，自動織機製作所は，自動車製造にとって決定的に重要な電気炉による高級鋳鉄の製造に成功したのである。(由井・和田 2001, 284-286 ページ)

5) 和田は，自動織機製作所の「営業報告書」によって支出内容を検討し，「支出全体に占める工場費の割合が，1932年以降は三期連続して55%を超えた」こと，「1932年上期(1932年4月-9月末)から下期(1932年10月-33年3月末)にかけて，工場費が約三割も増大し，絶対額で約12万6,800円も増加した」が，これは「豊田・プラット協定」で喜一郎が得た25万円の5割を上回る金額であることに注目し，「優れた経営者であった利三郎は，当然この工場費の伸びに気づいていたと思われる。そのように考えたとき，利三郎の内諾なくして『工場費』の増額は不可能であったろう。そして，遅くとも1932年度の上半期が終わるころには，利三郎は自動車事業への進出に対して内諾していたものと思われる。」と述べている。(同上, 290-291 ページ)

VII

㈱豊田自動織機製作所の自動車事業進出の金融過程

　このように豊田家が自動車事業に進出する過程で，それに必要な大量の資金がどのように調達されたのであろうか。以下，その点をわれわれに利用可能な資料を使って検討してみよう。

　利用する資料は主として㈱豊田自動織機製作所等の「営業報告書」であり，その決算期は，㈱豊田紡織廠以外は3月末と9月末（紡織廠は4月末と10月末）である。そして，自動織機製作所が自動車部を設立して自動車事業への進出の意思を内外に明示したのが1933（昭和8）年9月1日，同社が自動車部門を分離してトヨタ自動車工業㈱を設立したのが1937年8月28日であるから，1933年9月以降，自動車部門の投資が増加し，1937年8月25日の新会社の株式第1回払込期日以前には，大株主の株式払込のための資金需要が当然高まったはずである。そこで，「営業報告書」から比較貸借対照表を作り，それを期中の資金の運用・調達表として使うという筆者の手法からすると，考察の対象となる時期を，自動車部門への投資が急増した（1933年3月末-37年3月末）と，同じく投資が急増するとともに新会社への株式払込資金の需要が加わった（1937年3月末-37年9月末）という2つに分けた方が適当だということになる。

　まず1933年3月末から37年3月末にかけての時期における豊田自動織機製作所の資金の調達と運用を示した表7-1をみると，運用面では固定資産の813万6000円と棚卸資産の1050万6000円が目立って多い。この4年間に固定資産は5.9倍，棚卸資産は12.9倍に増加した。自動車事業への設備投資と在庫投資が急増したのである。他方，調達面では払込資本金の825万円，

表 7-1　㈱豊田自動織機製作所の資金の運用・調達表（1932 年下期－37 年上期，千円）

	科目	金額	%
資金調達	払込資本金	8,250	39.4
	積立金	330	1.6
	従業員保護基金	141	0.7
	幸福増進基金	—	—
	繰越金	46	0.2
	当期利益	479	2.3
	自己資本小計	9,246	44.1
	支払手形	3,915	18.7
	掛買代金	6,770	32.3
	預り金	252	1.2
	仮受金	1,024	4.9
	裏書手形	△ 253	△ 1.2
	合計	20,954	100
資金運用	固定資産	8,136	38.8
	棚卸資産	10,506	50.1
	特許権	△ 208	△ 1.0
	有価証券	1,259	6
	掛売代金	893	4.3
	請取手形	△ 203	△ 1.0
	預け金	345	1.6
	仮出金	223	1.1
	現在金	2	0.0

注）1932 年下期と 1937 年上期の比較貸借対照表より作成。
出典）豊田自動織機製作所「営業報告書」各期版。

支払手形の 391 万 5000 円，掛買代金の 677 万円が目立っている。そして，固定資産の 813 万 6000 円が払込資本金の 825 万円と，棚卸資産の 1050 万 6000 円が支払手形と掛買代金の合計 1068 万 5000 円とほぼ対応している。資金の性格も考慮に入れると，このことから，おおまかにいって，この間の設備投資資金が株式への払込みによって調達され，在庫投資資金が銀行からの借入金と企業間信用によって賄われていたとみることができる。

　払込資本金について，この間の増加 825 万円の内訳を，各期の払込資本金額に個々の大株主の持ち株比率を乗じて計算した各株主の払込資本金に対する持ち分額の増加分について計算してみると，筆頭株主である豊田紡織㈱が 427 万 3500 円，第 2 位の株主である㈱豊田紡織廠が 309 万 3750 円であり，この 2 社で 89.3％のシェアを占めていた。この間に急増した設備投資資金の

ほとんどはこの2社によって負担されていたのである。次に支払手形と掛買代金のうちの支払手形についていえば，これには銀行からの借入金が多く含まれていたようである。1937（昭和12）年3月末，6月末，9月末，12月末について，三井銀行からの借入金と同社の支払手形の残高を比べると表7-2の通りで，このうち，2つの数字が判明する1937年9月末の残高をみると，三井銀行からの借入金が417万3000円で，同社の支払手形が850万円だった。支払手形に銀行からの借入金が含まれていることは明らかで，この場合は支払手形の約半分を三井銀行からの借入金が占めていた。協調融資による他行からの借入れもあったであろうことを勘案すると，支払手形の多くが銀行からの借入金であったと推定される。また，仮にこれに一部銀行からの借入金以外が含まれていたとしても，それは企業間信用だから，上述の支払手形と掛買代金の合計が銀行からの借入金と企業間信用であるとする記述を修

表7-2 ㈱豊田自動織機製作所の三井銀行からの借入金と同社の支払手形・裏書手形（千円）

決算期	三井銀行借入金	支払手形	裏書手形
1930年6月	101	—	—
9月		—	392
1931年6月	252		—
9月	—	60	234
12月	54	—	
1932年3月		90	316
6月	134		—
9月	—	285	253
12月	106	—	
1933年3月		285	
6月			
9月		165	
12月			
1937年3月	—	4,200	
6月	(3,000)	—	
9月	4,173	8,500	
12月	(1,548)	—	

注）三井銀行借入金のかっこ内は，設備資金のみ。
出典）三井銀行㈱「三井銀行史料 5 規則・資金運用」1978年，389, 410, 423, 436, 453, 551ページ。小倉信次『戦前期三井銀行企業取引関係史の研究』泉文堂，1990年，386ページ。㈱豊田自動織機製作所「営業報告書」各期版。

正する必要はない。また，自動織機製作所の取引相手としては，三井物産や三井物産直系の東洋棉花㈱が大きなウエイトを占めていたであろうと考えられるから，企業間信用で受信のウェイトが高いということは，自動織機製作所が企業間信用を通じて三井物産や東洋棉花からも相当の信用を供与されていたことになる。

　ところで，上述のように設備投資資金は主として豊田紡織㈱と㈱豊田紡織廠による増資新株の引き受けによって賄われたが，この2社はそれぞれそれに必要な資金をどのようにして調達したのであろうか。時期が先行した㈱豊田紡織廠のケースから見てみよう。豊田自動織機製作所は，1935（昭和10）年9月期に払込資本金を300万円から600万円に増加させたが，この増加分300万円はすべて豊田紡織廠の引き受けによって賄われた。そこで，同

表7-3　㈱豊田紡織廠の資金の運用・調達表（1935年4月末－10月末，千両）

	科目	金額	%
資金調達	払込資本金	—	—
	積立金	75	3.4
	別途積立金	100	4.5
	従業員保護基金	10	0.5
	幸福増進基金	—	—
	前期繰越金	1	0
	当期利益金	26	1.2
	自己資本小計	212	9.6
	借入金	2,100	95.2
	支払手形	454	20.6
	未払金	7	0.3
	掛買代金	△ 853	△ 38.7
	預り金・信認金	219	9.9
	仮受金	65	2.9
	合計	2,205	100
資金運用	固定資産	694	31.5
	棚卸資産	△ 55	△ 2.5
	受取手形	180	8.2
	預け金	△ 943	△ 42.8
	有価証券	2,152	
	仮出金	176	8
	金銀勘定	1	0

出典）㈱豊田紡織廠「営業報告書」1935年4月期，同年10月期。

社の1935（昭和10）年4月期から同年10月期にかけての比較貸借対照表（表7-3）を見てみると，資金運用面では有価証券の215万2000両が最大項目で，これに調達面の借入金の210万両がほぼ見合っている。このことから，紡織廠による自動織機製作所増資新株の引き受けは銀行からの借り入れによって賄われたと考えることができる。

そして，1935年10月末における紡織廠の借入金残高は210万両で，これは円換算すると373万8000円になるが，1937年9月末現在では，紡織廠が三井銀行から302万5000円を借り入れていたという資料がある。（小倉1990，386ページ）時期が少しずれているが，1935年10月末における紡織廠の借入れが主として三井銀行から行われていたと推定しても大過なかろう。

次に，豊田紡織は1937年3月に豊田自動織機製作所の増資新株をすべて

表7-4　豊田紡織㈱の資金の運用・調達表（1936年9月末－1937年3月末，千円）

	科目	金額	%
資金調達	払込資本金	—	—
	積立金	100	2.4
	従業員保護基金	20	0.5
	幸福増進基金	50	1.2
	繰越金	47	1.1
	当期利益金	86	2
	自己資本小計	303	7.2
	支払手形	2,500	59.1
	掛買代金	1,303	30.8
	預り金	△ 57	△ 1.3
	仮受金	184	4.3
	合計	4,212	100
資金運用	固定資産	△ 252	△ 6
	棚卸資産	3,028	71.6
	掛売代金	79	1.9
	請取手形	△ 1,320	△ 31.2
	預け金	△ 350	△ 8.3
	有価証券	3,018	71.3
	仮出金	29	0.7
	現金	△ 3	△ 0.1

出典　豊田紡織㈱「営業報告書」1936年下期，1937年上期。

引き受けたが，この結果1937年3月期の豊田紡織の資金の調達・運用がどうなったかを表7-4によってみてみると，運用面で有価証券が301万8000円計上されているが，このうちの300万円が自動織機製作所の株式であり，これに見合って，調達面に支払手形250万円がある。1937（昭和12）年3月末における豊田紡織の支払手形残高は400万円であり，一方小倉信次の研究によると，1937年9月末に三井銀行の豊田紡織に対する債権が305万7000円あったから，6カ月の時間差はあるが，豊田紡織の支払手形の残高は，三井銀行からの借入金の残高に近い。この支払手形の大部分は三井銀行からの借入金であった可能性が高い。豊田紡織による自動織機製作所の新株の引き受けの8割以上は三井銀行からの借入金を中心とした支払手形によって賄われていたのである。

表7-5 ㈱豊田自動織機製作所の資金の運用・調達表（1937年3月末－9月末，千円）

	科目	金額	%
資金調達	払込資本金	—	—
	積立金	60	0.3
	従業員保護基金	30	0.2
	退職手当準備積立金	16	0.1
	幸福増進基金	—	—
	繰越金	3	0
	当期利益金	30	0.2
	自己資本小計	139	0.8
	支払手形	4,300	23.7
	掛買代金	5,026	27.7
	預け金	146	0.8
	仮受金	8,520	47
	合計	18,133	100
資金運用	固定資産	3,597	19.8
	棚卸資産	5,201	28.7
	有価証券	7,331	40.4
	掛売代金	901	5
	請取手形	—	—
	預け金	417	2.3
	退職手当準備積立預金	16	0.1
	仮出金	666	3.7
	現在金	4	0

出典）㈱豊田自動織機製作所「営業報告書」1937年3月期，9月期。

豊田自動織機製作所が自動車部門を分離してトヨタ自動車工業㈱を設立した時期を含む1937（昭和12）年3月末から同年9月末に至る時期における同製作所の資金の運用・調達を示した表7-5によると，運用面では，固定資産の359万7000円，棚卸資産の520万1000円，有価証券の733万1000円が，調達面では支払手形の430万円，掛買代金の502万6000円，仮受金の852万円が目立っている。棚卸資産と掛買代金の金額は近似しており，勘定の性格からしても，基本的には棚卸資産は掛買代金によってファイナンスされていたと考えられる。

　有価証券については，このうちトヨタ自動車工業の株式が675万円あり，全体の92％を占めていた。同社の払込資本金が900万円で，豊田自動織機製作所が株式の75％を所有していたからである。また支払手形については，1937年9月末現在の数字であるが，三井銀行が自動織機製作所に対して417万3000円の債権を有していた。一方，豊田自動織機製作所は1937年9月末に850万円の支払手形残高を抱えていたから，その約半分が三井銀行からの借入金であったということになる。支払手形には企業間信用の分も含まれるから，借入金の中心は，三井銀行からの借入金であったと推定することができよう。

　上記の資金の調達・運用表で目立った勘定から棚卸資産と掛買代金をはずすと，運用面の固定資産359万7000円，有価証券733万1000円と調達面の支払手形430万円，仮受金852万円が残る。おおまかにいえば，設備投資とトヨタ自動車工業㈱株式の払込に必要な資金が三井銀行からの借入金を中心とした支払手形と仮受金によって賄われたわけである。仮受金については内容が全く不明であるが，前後の時期の残高をみてみると，1936年9月末98万円，37年3月末165万円，同年9月末1017万円，38年3月末235万5000円のごとくで，1937年9月末のみが際立って高くなっている。短期の資金調達手段として使われていたと考えられる。自動車部門の独立に向けて資金需給が逼迫していることに対処するためにとられた緊急の対策であった可能性が高い。豊田家関係者や豊田系企業からの一時的資金融通だったのではなかろうか。この仮受金は37年9月末には1017万円もあったが，38年

3月末には235万5000円と781万5000円も減少している。1937年9月末における豊田自動織機製作所からトヨタ自動車工業への自動車部門の譲渡に際して，資産・負債が譲渡されるとともに差引譲渡金額として825万円が支払われているから，これによって仮受金も清算されたのであろう。

豊田家関係者といえば，この時期に豊田利三郎と喜一郎が三井銀行から個人的に資金を借入れたり，所有していた豊田紡織の株式の一部を東洋棉花㈱に譲渡してまとまった資金を入手したという事実がある。資金の借入れでは，1937（昭和12）年9月末現在で，三井銀行が豊田利三郎に対して27万円，喜一郎に対して30万円の債権を有していた。（小倉1990, 386ページ）資料が残っているのはこの時期のみであるが，これによって豊田家の中心にいたこの2人は三井銀行から個人的にもまとまった資金を借り入れることができる立場にあったことが分かる。また後の点についてみると，37年3月期中に，東洋棉花㈱が豊田紡織㈱の株式3万7400株（総株式の12％）を取得しているが，株式名簿によると，1936年9月末から37年3月末にかけて豊田利三郎の持株が1万8750株，喜一郎の持株が1万8650株（2人合計で3万7400株）それぞれ減少している。そして，減少した株式の簿価は，1株当たりの払込資本金の額（37.5円）を株数に乗ずると，利三郎分が70万3125円，喜一郎分が69万9375円である。以上資料で確認できる限りでも，この時期に利三郎と喜一郎は，2人合わせると，三井銀行からの借り入れで57万円，東洋棉花への株式の譲渡によって140万2500円，合計で約200万円を入手していたことになる。これは，上述の1937年9月期に仮受金によって調達された資金850万円の約4分の1に当たる。この時期の豊田家の資力，ごく短期の一時的融通であることを考えると十分に負担可能であったと思われる。

豊田家の自動車事業への進出の金融過程については，和田一夫も当然それを視野に入れており，結論的に次のように述べている。「資金面から考察した場合，トヨタ自動車工業の設立にあたって忘れてならないのは，豊田自動織機の役割であり，さらに豊田紡織，豊田紡織廠が果たした役割である。豊田自動織機は，同社の自動車部から出発した自動車製造事業に対して，

約 1700 万円にも及ぶ投資をしていた。こうした多額の投資を豊田自動織機ができたのは、ひとつには同社が G 型自動織機や精紡機などの製造・販売によって得た豊富な資金があったせいである。だが同時に、豊田自動織機が 1934（昭和 9）年 1 月、35 年 7 月、36 年 10 月の 3 回にわたって行なった増資を、主として豊田紡織、豊田紡織廠が引き受けてきたためでもあった。この結果、1937 年 3 月の時点で、豊田自動織機の筆頭株主は豊田紡織（持株比率は 52.4％）、2 位は豊田紡織廠（33.3％）となって、両社で 85％を超える株式を保有していたのである。トヨタ自動車工業は、佐吉、利三郎、喜一郎らが築き上げてきた綿業関連の各社が、総力をあげて資金面でのバックアップをすることにより、初めて誕生しえた企業だった。自動車事業に参入した当初は、豊田系の各社幹部に不安や戸惑いがあったとはいえ、事業化についての見通しがある程度たってくると、躊躇することなく新事業に必要な資金を注入したのであった。豊田喜一郎が果敢に挑戦した新事業の創出を、こうして豊田系の各企業がベンチャー・キャピタルのような役割を担って、資金的にもバックすることになったのである。」（由井・和田 2001, 347-348 ページ）ここで和田が豊田家の自動車事業への進出を資金的に支えた豊田紡織と豊田紡織廠の役割を強調している点は重要であり、われわれも全面的に賛成である。本章の上述の分析の結果もそれを明示していると思う。しかし、この分析が同時に示しているように、自動車部設立以降における三井銀行の豊田自動織機製作所や豊田紡織、豊田紡織廠に対する貸付の役割や同じ三井財閥系の商社である東洋棉花からの資金供給（豊田紡織株の譲り受けに伴う豊田利三郎、喜一郎への）、企業間信用を通ずる信用供与など、総じて三井財閥系銀行と商社の豊田グループに対する積極的支援が大きかったことも見失ってはならない。

　また、銀行の役割といえば、三井銀行の支援にとどまらず、この時期には自動車製造事業法に象徴される自動車産業の積極的育成という国策を背景とした都市大銀行の豊田家の自動車事業に対する協調融資が始まっていたことも重要である。小倉信次は、三井銀行の「設備資金貸出明細（1937 年 9 月 27 日－38 年 1 月 15 日）」に、豊田自動車工業の自動車工場建設費として 5

行2信託（興銀，三井，三菱，第一，三和，三井信託，三菱信託[1]）が，総額2500万円の共同貸し出しを行う予定で，1937（昭和12）年12月末までに既に1295万円（1社当たり185万円）が貸し出されていた旨記されていたと述べている。（小倉1990，385-386ページ）豊田自動車工業設立前後に，5行2信託による豊田家の自動車工業に対する協調融資団が組織され，上述の三井銀行による豊田自動織機への融資はその一環として行われていたのである[2]。

　要するに，豊田自動織機製作所の自動車事業進出の金融過程については，豊田家の事業の中核会社であった豊田紡織と豊田紡織廠の支援，三井銀行を中心とする三井財閥の支援，自動車製造事業法に代表される国策の支援とそれに連動した大銀行の協調融資という三重の支援があったということが重視さるべきである。自らの企業グループの枠を超えた三井財閥，国策の支援と連動することによって，優れた中堅紡績会社を核とする豊田業団は，新しい基軸産業に成長する自動車事業を核とする企業集団へと変身する端緒をつかむことに成功したのである。

[注]
1）　この協調融資団の参加メンバーについて，小倉信次が利用した原資料では1信託銀行が記載漏れとなっており，小倉は著書の本文でその旨を指摘し，注でそれは三菱信託であると思われると述べている。（小倉1990, 387, 411ページ）
2）　三井銀行の豊田自動織機製作所に対する貸出と協調融資団の協調融資との関係について，小倉信次は，「同社（トヨタ自動車工業—引用者）創設が37年8月で，他方三井銀行取締役会がシンジケート融資2,500万円の七分の一の分担を承認したのは九月十日であるが，三井銀行等を幹事銀行とするシンジケートの結成が見込まれる状況下にトヨタ自動車工業が新出発したのは間違いない。」（同上, 387ページ）と述べている。

VIII
むすび

　以上述べてきたことのポイントを各章ごとにまとめると，およそ以下の通りである。

豊田ファミリーの所得の形成過程
　1　1901（明治34）年に井桁商会を辞め，武平町で織布業を始めた時点で，豊田佐吉は年300円の所得を得ていたが，これは当時の市内の「上等」の大工の手間賃の1.6倍の水準であった。
　2　それから約10年後，彼が豊田式織機㈱を辞め，自動織布工場を立ち上げた前後の時点（したがって，この工場の好業績が未だ所得に反映されていない時点）で，彼は3000円の所得を得ており，これは，知多という日本有数の晒織物産地の「旦那衆」のそれとほぼ並ぶ水準に達していた。
　3　第一次世界大戦中・後のブーム期に佐吉の所得は急増し，1916年以降名古屋市（周辺部を含む）における大所得者（ランキング上位20位以内）グループに仲間入りし，1921年から1927年まで，居を上海に移したため，所得税額にもとづく高所得者のランキングから姿を消したが，1927年9月に日本へ帰国してからは再び大所得者に復帰し，1930年逝去するまでその地位を保った。
　一方，佐吉の2人の弟，平吉と佐助も，ともに自分の事業を拡大して，佐助は1917年から，平吉は1919年から大所得者グループへの参入を果たした。
　4　そして，佐助は反動恐慌後も，1920年代，1930年代（日中戦争前の時

期）を通して，基本的にはこの地位を保ち続けた。

5　佐吉の後継者である利三郎と喜一郎について見ると，利三郎は早くも1923（大正12）年頃から大所得者グループの一員となり，喜一郎はこれよりかなり遅れたものの1933年から同じくこのグループへの参入を果たした。そしてこの2人は，1933, 37年にはその中でもトップグループ（2－6位）に位置するようになっていた。

全体を通して銘記すべきは，豊田家の高所得の稼得について，第一次世界大戦中・後のブームの影響が決定的に重要であるということと，1918年以降は中堅紡績会社としての豊田紡織㈱とその中国における分身としての㈱豊田紡織廠を中心としたグループ企業の活動がもたらした配当と役員報酬等がその源泉となっていたということである。

豊田自動織布（自働紡織）工場の急成長

1　豊田自動織布（自働紡織）工場は，1912年9月に営業運転用の織機わずか92台，職工数67人（年末現在）でスタートしたが，それからわずか5年4カ月後の1917年末には，三大紡の一角を占める東洋紡の県内工場に匹敵する規模と内容をそなえた大工場に急成長した。

2　この急成長をもたらした要因としては，何と言っても設立後間もなく始まった第一次世界大戦による綿業界のブームに恵まれたことが大きかった。大戦勃発直後は，ショックから景況はむしろ悪化し，日本紡績聯合会加盟会社（合計）の払込資本金利益率は，1914年上期の15.4％から同年下期の10.4％へと大きく下がったが，1915年上期以降急上昇して1917年下期には74.1％となり，1918年上期はやや下がったものの，なお72.7％を記録していた。大戦前で景気が良かった時期の1912年下期や1913年上期の19％台と比べても1915年上期以降の利益率の上昇がいかに急速であり，そのレベルがいかに高かったかが明らかである。

3　次に経営職能を有する人材が経営陣に存在していたことが重要である。三井物産幹部児玉一造の弟で，豊田佐吉の娘婿となって豊田自動織布工場の経営に参画した豊田利三郎が果たした役割はもちろん高く評価すべき

であるが，彼とともに西川秋次の存在を見落としてはならない。1916（大正5）年4月に行われた機械学会メンバーの工場見学に際して配布された豊田自働紡織工場の「巡覧工場案内」の「経営者技術者其他職員」の項に佐吉と並んで西川秋次の名前が挙げられており，これは当時この工場の中で，西川が佐吉に次ぐ地位にあったことを示唆している。西川は，佐吉の妻の遠縁にあたる青年で，東京高等工業学校の紡織科を出た後佐吉の許に来て，佐吉の外遊にいわば秘書として同行し，アメリカ東海岸の工場を視察して，佐吉がヨーロッパに渡った後，アメリカに残って「滞在すること一年有半，豊田自動織機の特許の認可を待ちながら，米国における紡績事業や，紡織機製造状況，従業員の養成，指導，経営，労務管理，厚生施設の研究に余念がなかった」（西川 1964年，17 ページ）という。この過程で，彼は近代的工場の経営者・管理者としての能力を身につけて行ったと考えられる。

4　さらに，児玉一造や藤野亀之助を介した三井物産や三井銀行との緊密な結びつきも重要である。紡織機や原料綿花の買い付け，製品である綿布の販売，資金の調達において，自動織布（自働紡織）工場が同業他社よりも有利な立場にあったことは確かであろう。

豊田紡織㈱の経営史

1　豊田紡織㈱は，株式所有と経営陣の構成からみて，終始豊田佐吉家と佐吉の事業を個人的に支援してきた三井物産の元幹部社員藤野亀之助家と児玉一造家の共同事業会社的色彩を色濃く帯びていた。また同社は，経営陣の構成において，創業ファミリーの中から，利三郎，喜一郎という優れた経営者が現れて経営をリードするとともに，西川秋次以下，多数の優れた従業員を役員に登用して，時代の変化に対応した戦略を積極的に展開した。

2　紡績業界における同社の地位についていえば，会社設立直後の1918年下期（同年末）における同社の設備合計（換算錘数合計）のランキングは，紡聯加盟会社60社中16位で，数多い中規模紡績会社のひとつでしかなかったが，日中戦争勃発直前の1937年上期（同年6月末）には，子会社㈱豊田紡織廠も含めると，日本内地と中国を合計した設備規模で，日系紡績会社中

11位に上昇して，6大紡，在華紡トップの内外綿，中堅紡の雄錦華紡績，福島紡績に次ぐ有力中堅紡績会社のひとつに成長していた。

3　経営戦略においては，多工場化，多角化，垂直統合，多国籍化という大紡績会社が採った戦略をフルに展開し，紡織機械製造業への後方統合戦略という他に見られない戦略も採用された。

4　最後に，本書が初めて指摘することであるが，豊田紡織㈱の利益率は低かったが，利益を生む前提としての製品等の売捌益の固定資産に対する比率を見ると，同社の比率は5大紡のいずれよりも際立って高かった。そして，この高い売捌益率は，貿易商社との取引において豊田紡織が同業他社よりも有利な立場に立っていたこと，綿布の機械に対する生産性においても同社が大紡績よりも優れていたこと，紡織機械の調達においても同社が他社よりも有利な立場に立っていたことによってもたらされていた。この高い売捌益率こそが豊田紡織㈱の多額の試験研究費や製品開発費，減価償却費，役員報酬の支払いを可能にすることによって企業の競争力を強化するとともに，競争力のある在華紡子会社からの役員報酬と相まって役員の高所得をもたらした。また株主配当についていえば，配当率は低かったにしても，大株主の持株率が際立って高かったが故にそれなりの高配当を得ることが可能になっていた。

5　要するに，豊田紡織㈱は，人材，戦略，経営成果のすべてにおいて中堅紡績の域を超える内実をそなえたエクセレントなオーナーカンパニーだったのである。

㈱豊田紡織廠の経営史

1　㈱豊田紡織廠は，第一次世界大戦後における大紡績会社主導の在華紡進出のさきがけとなっていたが，中堅紡中位の域を出なかった豊田紡織がリスクの高い海外進出にこのように積極的になり得たについては，リーダーである豊田佐吉の独自の日中親善論と日中紡績事業観があった。佐吉は，日中親善のためには事業家が中国で事業を起こして中国人と親しくつき合う「民間外交」が必要であり，また，日本の賃金が上昇して日本の紡績業の競争力

が低下してきているので，この点からも日本の紡績会社の中国への進出が必須であると考えていた。

2 ㈱豊田紡織廠の経営のパフォーマンスは，結果的に見てかなり良好であった。日中戦争勃発直前の1937（昭和12）年上期末現在の設備規模（換算錘数合計）でみると，豊田紡織廠は，在華紡専業で中国への進出が早かった3社（内外綿，上海紡織，日華紡織）と内地の4大紡（東洋紡績，大日本紡績，鐘淵紡績，大阪合同紡績）系の現地企業に次ぐ地位を占め，7大紡の一角に位置していた富士瓦斯紡績，日清紡績や中堅紡の雄福島紡績系の現地企業より上位に位置していた。

3 また，1927年上期から1937年上期までの各社の払込資本金利益率（償却後）の平均をみると，同社は，トップグループの内外綿，上海紡織，上海製造絹糸には及ばなかったものの，東洋紡績系の裕豊紡績とほぼ並び，大阪合同紡績系の同興紡織を上回っていた。大まかに見て，同社は，内地の3大紡系の現地企業や在華紡専業トップクラスの2社に近いパフォーマンスを実現していたといえる。

4 豊田紡織廠がこのように良好なパフォーマンスを挙げ得た要因としては，本拠である豊田紡織と同じく，三井財閥系の商社である三井物産や同系の三井銀行の支援が挙げられるが，それとともに西川秋次，石黒昌明という有能な人物が現地に駐在して経営の実務を取り仕切っていたことも重要である。

5 同社のこのような好パフォーマンスは，豊田佐吉家の高所得の形成に大きく貢献していた。1927年上期から1937年上期にかけての時期におけるその貢献度を，会社が支払った配当金と役員報酬（推定値）の合計額について，本拠である豊田紡織との比較において推定してみると，豊田紡織廠は豊田紡織の89％に及んでいた。豊田紡織廠は本拠の豊田紡織にほとんど肩を並べる貢献をしていたのである。

㈱豊田自動織機製作所の経営史

1 1921年11月に住所を上海に移して以降，豊田佐吉は紡績会社の経営

に一層力を注ぎ，自動織機の開発については部下たちに任せた。佐吉の長男の喜一郎は，東京帝国大学工学部を卒業して，1921（大正10）年4月から豊田紡織㈱に勤務した。父の佐吉は息子の喜一郎に織機の開発よりも紡績業の経営に携わることを期待していたが，部下達の工学の専門教育を受けた喜一郎への期待の大きさと喜一郎の開発への意欲を知って，結局は喜一郎の自動織機の開発への参加を認めた。佐吉の許可を得た喜一郎は，自動織機の基本から問題を考え，1924年末から1925年初めにかけてG型自動織機｛特許第6515号（1924〈大正13〉年11月25日出願｝の開発に成功した。

　2　佐吉は，何百台という普通織機が稼働している中に少数の自動織機を置いて行う試験に限界を感じ，自動織機のみを大量に据え付けた，いわゆる営業試験工場を建設する必要を痛感して，1923年に愛知県碧海郡刈谷町に自動織機500台を据え付けることができる工場（豊田紡織株式会社刈谷試験工場）を完成し，まず200台の自動織機を据え付けて，原料の綿糸は名古屋市内にある豊田紡織の本社工場から供給して運転を開始した。ところが，運転してみると，自動織機の性能を向上させるためにはより良質の綿糸が必要であることが分かったので，紡績工場を併設することになり，紡績工場の経済単位が2万錘だったので，2万錘規模の紡績工場とそれとバランスする規模の自動織機を擁する工場を建設することを決定した。

　3　この決定にもとづいて，佐吉は1008台の自動織機の機台の製作を豊田式織機㈱に発注したが，当時佐吉が開発した自動織機の特許の帰属をめぐって同社と佐吉との間に考え方の違いがあり，この注文は豊田式織機㈱によって断られ，そればかりか，同社は1926年8月15日に佐吉に対して「特許権登録名義変更手続等請求」の訴訟を提起してきた。

　このふたつのトラブルのうち自動織機の機台の製作については，佐吉と同郷の野末作蔵と，かつて佐吉のもとで鋳物を担当していた久保田長太郎の協力を得て，野末所有の空き工場に鋳物設備を設置することによって問題が解決され，1925年11月に自動織機の1号機が完成され，その後刈谷工場が完成するまでの1年間にこの日置工場で1203台の自動織機が開発された。また特許権を巡る紛争は，結局1928年6月に時の愛知県知事小幡豊治の斡旋

による和解というかたちで解決された。

　日置工場による自動織機の自製が可能となり，据え付けられた自動織機も順調に稼働したので，1926（大正15）年3月に刈谷の試験工場を営業工場に切り替えて豊田紡織刈谷工場と改称するとともに，1926年11月には開発された独自の自動織機を製造販売する㈱豊田自動織機製作所が設立された。

　4　㈱豊田自動織機製作所の業績は長期的にみると好調で，短期間で最大手の豊田式織機㈱にほぼキャッチアップし，同社と共に業界をリードする存在となった。同社創立直後の1927年上期を別にして，1927年下期から同製作所の自動車部設置の影響が出始める前の決算期である1933年下期までの時期の両社の販売益額を比べると，自動織機製作所の販売益は豊田式織機の96％に及んでいたし，この2社に遠州織機と鈴木式織機を加えた4社の払込資本金利益率の推移をみると，1931年下期まで大手2社が中小2社の利益率を明確に上回っていた。

　5　このような好業績にもかかわらず，豊田喜一郎は，豊田家の運命を綿紡織業と紡織機業に託すことに不安を感じ，新事業への進出の可能性を模索していた。喜一郎は，プラット社への特許権の売却交渉のために7年ぶりに訪れたプラット社とその所在地オールダムの様変わりした姿に強い衝撃を受け，産業構造の転換が世界的に起きていることを身をもって体験し，万物は生滅・変化するもので常住ではありえないことにあらためて気づかされた。そして，次を託すべき産業として自動車産業を選んだのである。

㈱豊田自動織機製作所の自動車事業進出とその金融過程

　1　豊田自動織機製作所は，1933年9月1日に自動車部を設置し，12月30日の臨時取締役会で自動車事業を社業に加えることを決め，さらに翌年1月29日の臨時株主総会は資本金を100万円から300万円に増加することを決議した。1934年初めから，製鋼所1棟，試作工場2棟の建設が開始され，3月に試作工場，7月に製鋼所がそれぞれ完成された。そして，1934年10月に最初のエンジンA型が，1935年5月に大型乗用車試作第1号（A1型）がそれぞれ完成された。この間，商工省，陸軍省からトラック・バスの製造

が要請されたので，同社は 1935（昭和10）年 3 月にトラック部門を設け，同年 8 月に A1 型エンジンを載せたトラック第 1 号車を完成し，11 月 20，21 日に芝浦でトヨタ号トラックを一般公開した。トラックの生産が先行したためやや遅れたが，乗用車の方も 1936 年 5 月から生産がようやく軌道に乗り，9 月 14 日には大衆自動車完成記念展覧会が開かれて，ほろ型（AB 型）1 台，箱型（AA 型）4 台が展示された。この過程で，1936 年 5 月 29 日には，国産メーカーを優遇する自動車製造事業法が公布され，9 月 15 日には同法にもとづいて，第 1 回自動車製造委員会で同社と日産自動車の 2 社が政策的に優遇される「許可会社」に指定された。

　この過程で，自動織機製作所の売上高は急増して，1934 年下期の 356 万 9000 円から 35 年上，下期の 400 万円台，36 年上期の 500 万円台，同年下期の 700 万円台を経て，37 年上期には 1065 万 9000 円と 2 年半で約 3 倍になった。そして，37 年上期には，自動車が全体の半分を占めるようになっていた。また，この自動車の中では，トラックが圧倒的地位を占めていた。

　2　豊田自動織機製作所が，自動車事業進出に必要な資金をどのように調達したかを，同社及び親会社の豊田紡織，豊田紡織廠の「営業報告書」より作成した比較貸借対照表等によって分析すると，以下のような事実が明らかになってくる。同社は，1933 年 9 月 1 日に自動車部を設けてから自動車事業への進出を本格的に開始し，1937 年 8 月 38 日にトヨタ自動車工業㈱を設立したが，新会社の株式の第 1 回払込期日が 1937 年 8 月 25 日だったから，自動車部設立直前の決算期である 1933 年 3 月期からトヨタ自工株式払込期日直前の決算期である 1937 年 3 月期にかけて投資が急増し，株式払込期日が含まれる 1937 年 3 月期から 1937 年 9 月期にかけて引き続き投資が増加するとともに株式払込資金調達の必要が増加したと考えられる。したがって，この 2 つの時期に分けて，豊田自動織機製作所の比較貸借対照表から作成した資金運用・調達表を考察することが必要である。まず，（1933 年 3 月期－1937 年 3 月期）の資金運用・調達表を見ると，この期の設備投資が主として株式払込資金によって賄われていたと考えられる。また，在庫投資が支払手形と掛買代金の合計とほぼバランスしていることから，在庫投資は支払手

形と掛買代金によって賄われたとみてよいであろうが，この支払手形は，主として三井銀行からの借入金であったと考えられる。そして，株式払込金の払込主体を株主名簿から探ってみると，この期の増加分 800 万円のうち，427 万 3500 円は豊田紡織㈱，309 万 3750 円は㈱豊田紡織廠の引き受けによるもので，この期に急増した設備投資の約 9 割はこの 2 社によって負担されていたことになる。

3 また，この 2 社が大量の豊田自動織機製作所の増資新株を引き受けた際の資金源を豊田紡織廠の 1935 年 4 月－10 月期，豊田紡織の 1936 年 10 月－37 年 3 月期の比較貸借対照表によって調べてみると，両社ともに主として三井銀行からの借入金によってそれを賄っていた可能性が高い。自動織機製作所の在庫投資のケースも合わせて，この時期の豊田系企業の資金繰りの大きな部分が三井銀行からの借入金によって支えられていたといえる。

4 次に，（1937 年 3 月期－1937 年 9 月期）の自動織機製作所の資金調達・運用表によると，設備投資とトヨタ自動車工業株式への払込資金が，支払手形と仮受金によって賄われており，支払手形は主として三井銀行からの借入金であり，仮受金の出し手は不明であるが，その残高が，1937 年 3 月末の 165 万円から 1937 年 9 月末の 1017 万円へと急増した後，1938 年 3 月末には 235 万 5000 円へ急減していることからみて，これは 1937 年 9 月期に株式払込資金の必要から急増した資金需要を賄うための緊急の資金繰り対策として使われた可能性が高い。恐らく，豊田系企業か，豊田家関係者がその出し手であろう。そして，1937 年 9 月末における豊田自動織機製作所からトヨタ自動車工業への自動車部門の譲渡に際して，差引譲渡代金として 825 万円がトヨタ自動車工業から支払われたが，豊田自動織機製作所の仮受金残高の 1937 年 9 月末から 1938 年 3 月末にかけての減少額 781 万 5000 円とその譲渡代金は近似している。急増した仮受金がこの譲渡代金によって清算されたと考えられる。

5 豊田自動織機製作所の自動車事業進出に際して，三井銀行が，同社へ直接に，あるいは豊田紡織や豊田紡織廠を通じて間接に必要な資金を供給してそれを助けたことが明らかであるが，1937 年 8 月に行われたトヨタ自動

車工業㈱設立前後からは，政府の国産自動車事業保護政策と連動した大銀行の協調融資体制が三井銀行の豊田系企業に対する融資の急増を支えていた。

6　豊田自動織機製作所の自動車事業進出の金融過程については，豊田家の事業の中核会社であった豊田紡織と豊田紡織廠の支援，三井銀行を中心とする三井財閥の支援，自動車製造事業法に代表される国策の支援とそれに連動した大銀行の協調融資という三重の支援があったことが重視されるべきである。自らの企業グループの枠を超えた三井財閥，国策の支援と連動することによって，優れた中堅紡績会社を核とする豊田業団は，新しい基軸産業に成長する自動車事業を核とする企業集団へと変身する端緒をつかむことに成功したのである。

参考文献

愛知県「愛知県統計書」1912 年, 1913 年。
愛知県史編さん委員会「愛知県史　資料編 29　近代 6　工業 1」2004 年。
愛知県史編さん委員会「愛知県史　資料編 30　近代 7　工業 2」2008 年。
石井正『トヨタの遺伝子』三五館, 2008 年。
宇野米吉『大陸と繊維工業』紡織雑誌社, 1939 年。
遠州紡織㈱「営業報告書」1927 年上期－1937 年上期。
大蔵省編『明治大正財政史　第 6 巻　内国税』経済往来社, 1957 年。
大蔵省主税局「昭和 2 年分　第三種所得税大納税者調」。
大蔵省主税局「昭和 3 年分　第三種所得税大納税者調」。
大山壽『本邦紡績業ニ関スル調査』ムラカミインサツ, 1935 年。
岡本藤次郎編「豊田紡織株式会社史」1953 年。
小倉信次『戦前期三井銀行企業取引関係史の研究』泉文堂, 1990 年。
小栗照夫『豊田佐吉とトヨタ源流の男たち』新葉館出版, 2006 年。
㈱商業興信所編「名古屋市商工業者資産録」1901 年。
㈱東京興信所「商工信用録」36 版－78 版（1917 年－25 年）。
㈱東京興信所『銀行会社要録　第 30 版』1926 年。
㈱東洋経済新報社「会社かがみ　臨時増刊　関西主要会社の解剖」1935 年。
㈱東洋経済新報社「株式会社年鑑」1－16 回, 1922 年－1937 年。
㈱豊田自動織機製作所社史編集委員会編『四十年史』豊田自動織機製作所, 1967 年。
㈱豊田自動織機製作所「営業報告書」1927 年上期－1937 年上期。
㈱豊田紡織廠「営業報告書」1922 年上期－1937 年上期。
㈱豊田紡織廠「株主名簿」1922 年 4 月期, 同 10 月期, 26 年 10 月期, 27 年 4 月期, 36 年 4 月期。
㈱紡織雑誌社「日本紡織要覧」1929 年。
㈱紡織雑誌社「紡織要覧」昭和 12 年度用。
機械学会「機械学会誌」19 巻第 45 号, 1916 年 10 月。

参考文献

協調会「全国工場鉱山名簿」1932 年 2 月。
㈹商工社編「日本全国商工人名録」増訂 5 版, 6 版, 7 版 (1916, 17, 18 年)。
興和紡績・興和㈱「興和百年史」1994 年。
澁谷隆一編『大正昭和日本全国資産家地主資料集成Ⅳ』柏書房, 1985 年。
澁谷隆一編『都道府県別資産家地主総覧　愛知県Ⅰ・Ⅱ・Ⅲ』柏書房, 1997 年。
上海市棉紡織工業同業会籌備会「中国棉紡織統計史料」1950 年。
上海製造絹糸㈱「営業報告書」1927 年上期－1937 年上期。
上海紡織㈱「営業報告書」1927 年上期－1937 年上期。
鈴木式織機㈱「営業報告書」1927 年上期－1937 年上期。
大日本紡績聯合会「綿糸紡績事情参考書」1911 年上期－1937 年上期。
大日本紡績聯合会『東亜共栄圏と繊維産業』文理書院, 1942 年。
高村直助『近代日本綿業と中国』東京大学出版会, 1982 年。
竹内則三郎「愛知県尾張国（名古屋市ヲ除ク）資産家一覧表」1913 年。
田中忠治編『豊田佐吉傳』豊田佐吉翁正伝編纂所, 1933 年。
塚本助太郎「人生回り舞台」(豊田紡織㈱所蔵コピー)。
東華紡績㈱「営業報告書」1927 年上期－1937 年上期。
同興紡織㈱「営業報告書」1927 年上期－1937 年上期。
東洋紡績㈱「営業報告書」1927 年上期－1937 年上期。
豊田英二『決断』日経ビジネス文庫, 2000 年。
豊田式織機㈱「創立五十年記念誌」1936 年。
豊田式織機㈱「営業報告書」1927 年上期－1937 年上期。
豊田紡織㈱『豊田紡織 45 年史』1996 年。
内外綿㈱「営業報告書」1927 年上期－1937 年上期。
名古屋経済調査会編『名古屋紳士録　昭和 12 年版』東邦書林, 1936 年。
名古屋市「名古屋市統計書」1901 年。
名古屋商業会議所『名古屋商工案内』1910 年, 11 年, 14 年, 15 年, 17 年。
名古屋商業会議所『名古屋商工人名録』1909 年。
西川田津（発行者）『西川秋次の思い出』竹田印刷, 1964 年。
日華紡織㈱「営業報告書」1927 年上期－1937 年上期。
農商務省工務局工務課編「工場通覧」1916 年 12 月末現在調査, 17 年 12 月末現在調査, 19 年 1 月末現在調査。
原口晃「豊田佐吉翁に聴く」(豊田紡織㈱所蔵コピー)。
豊和工業㈱「豊和工業 100 年史」2007 年。

三井銀行㈱『三井銀行史料5　規則，資金運用』日本経営史研究所，1978年。
三井物産㈱『稿本三井物産株式会社100年史　上』日本経営史研究所，1978年。
山崎広明『日本化繊産業発達史論』東京大学出版会，1975年。
由井常彦「三井物産と豊田佐吉および豊田式織機の研究（上）―名古屋支店と井桁商会および豊田商会について―」『三井文庫論叢』第34号，2000年。
由井常彦「三井物産と豊田佐吉および豊田式織機の研究（中）―名古屋織布設立と豊田式織機の支援について―」『三井文庫論叢』第35号，2001年。
由井常彦「三井物産と豊田佐吉および豊田式織機の研究（下）―豊田紡織工場から豊田紡織株式会社の支援―」『三井文庫論叢』第36号，2002年。
由井常彦・和田一夫編『豊田喜一郎伝』トヨタ自動車，2001年。
㈲交詢社「日本紳士録」7-42版。
裕豊紡績㈱「営業報告書」1927年上期-1937年上期。
横浜正金銀行上海支店「上海時報」第63号，1929年。
和田一夫『ものづくりの寓話』名古屋大学出版会，2009年。

Arno S. Pearse "Japan and China Cotton Industry Report," *International Federation of Master Cotton Spinners' and Manufacturers' Associations*, 1929.

豊田佐吉略年譜（豊田自動織布工場設立まで）

I　少年時代の苦闘

慶応3年	1867年	静岡県敷知郡吉津村に生まれる 父　卯吉（大工）の長男　次男平吉　三男佐助
明治12年	1879	小学校を卒業　父に従って大工仕事に従事
16	1883	新聞雑誌を耽読　「世の中の為になること」を目指す
18	1885	専売特許条例公布　発明を志す
19	1886	友人と共に家出、東京へ、工場・造船所を見学（約1カ月）、帰郷後、関心次第に織機の改良・発明に向かう 大工仕事の暇を盗んでは織機の研究に熱中
20	1887	豊橋の大工　岡田浪平に預けられる
21	1888	帰郷、近くの納屋で織機の組み立てを試みる
22	1889	再び家出、吉津村出身の佐原谷蔵を頼り横須賀へ、発明に精進したが、父の要請に従い帰郷 大工を嫌い農業に従事したが、発明の志捨てず 夜学会にある新聞で、外国製の織機を導入した知多郡岡田村の記事を読み、岡田を訪れる、そこで石川藤八等と会う 竹内虎王から織機の仕組みを教わる
23	1890	第3回内国勧業博覧会見学のため上京、機械館に日参（約15日）、その後京浜間の諸工場を見学 豊田式人力織機発明（翌年特許）、未だ実用に適せず
25	1892	特許権を活用し、経済的自立を図るため、人力織機4−5台を製作、東京市外千束村で織布業を開業
26	1893	同村佐原五郎作の妹たみと結婚、東京で暮らす、織布

			工場閉鎖，山口村へ帰る
27		1894	新妻を残し，三たび家出，豊橋市街の伯父森重治郎方に身を寄せる，妻たみ長男喜一郎を残して家を出る， 糸繰返（かせくり）機を発明，名古屋に出て東区朝日町に糸繰返（かせくり）機販売店（豊田代理店伊藤商店）開設，（同商店繁盛したが，友人の伊藤が相場に手を出して失敗，佐吉，同店の負債を整理）
28		1895	豊田商店に名称変更

II　織布工場の経営と織機の開発

30	春	1897	林政吉長女浅子と結婚，浅子の内助の功により，豊田商店を立て直す，佐吉発明に専念 豊田式木製力織機の発明を完成 石川藤八と共同出資で乙川綿布㈾を設立，工場新築に関する一切の費用を石川が負担し，佐吉は織機 60 台を提供
31	春	1898	乙川綿布㈾の工場建設成り，操業開始 操業開始後間もなく，佐吉，自分の持ち分を石川に譲渡

III　三井物産との提携—㈴井桁商会から豊田式織機㈱へ—

32	夏	1899	三井物産綿布掛，乙川綿布の製品に注目 各界の名士，相次いで武平町豊田商店の機械工場を参観
	12月		㈴井桁商会設立
34		1901	この年末までに佐吉同商会技師長を辞任
35	3 月	1902	豊田商会に改称　西新町に呉服問屋滝兵右衛門から工場を借り受け，武平町の工場と併せ，織機 138 台を運転
38		1905	西区島崎町に織機工場新築，月産 150 台の能力，ほかに試験工場で織機 120 台を半営業的に運転，織機台数は，武平町 80 台，西新町と併せ合計 300 台となる 三井物産藤野亀之助のすすめで，物産から 13 万円を借入れ，他の負債を全部返済
39		1906	豊田式織機㈱設立，資本金 100 万円，大阪，名古屋の一流財界人が発起し，大阪合同紡績の谷口房蔵が社長に就任

			佐吉，常務取締役技師長となる，島崎町工場及び従業員全員新会社に引き継がれた （会社の事業不振）
	43	1910	佐吉，責任を負って辞任

IV 外遊と自動織布工場の経営

	43	1910	5月8日　西川秋次を伴いアメリカへ 三井物産ニューヨーク支店長の好意で自動織機を見学，各工業地も視察，10月までアメリカに滞在，イギリスに渡り，マンチェスター付近の織機製作工場や紡織業を視察（約30日間）後，フランス，ベルギー，オランダ，ドイツを廻って，シベリヤ鉄道経由で44年1月帰国
	44	1911	名古屋市西区栄生町に3000坪の土地を借り，豊田自動織布工場を新築，利益を自動織機の開発費に充当する計画，織機100台のうち8台を試験用に充てる，豊田式織機との契約（利益から1割配当を行った後の残額の3分の1を受け取る）を一時金で打ち切ることとし，8万円を受領，織機を200台に増設
大正3年		1914	紡績工場新設，6000錘 買糸の質粗悪，自動織機の試験に不向き，紡績工場自営必要 自動織布工場を担保に日本勧業銀行から6万5000円借入れ，三井物産，紡機その他機械類の延払い（3年賦）を認める 藤野亀之助6万円を出資，三井物産名古屋支店長児玉一造も支援

あとがき

　本書は，私が東海学園大学に勤務していた14年半の間に，勤務のあいまに国立国会図書館，東京大学経済学部図書館，東海学園大学図書館，地域の図書館，豊田紡織㈱本社等で収集した資料をもとに執筆した原稿をまとめ，学術書風の書物に仕上げたものである。東海学園大学の14年半の勤務のうち8年は学部長や研究科長，学校法人理事という管理職をつとめたため，自分の研究に携わる時間は限られていたが，教育重視のあまりに，ともすれば研究が軽視されがちな環境の中で，大学の教育は研究と不可分であるという私の考えを関係者に認めてもらう必要もあって，いわば意地になって取り組んできた作業の結果についての報告でもある。

　本書のテーマである豊田家の事業史に私が取り組むようになった契機は次の二つのことであった。ひとつは，私が大学院で修士論文の指導をした院生のひとりが，論文のテーマとして豊田家の紡織事業を選び，その指導をする必要から私自身も院生と一緒にその歴史を調べるようになったことであり，もうひとつは，東海学園大学が大学院修士課程（経営学研究科）を設置する際に，学長の指示を受けて私がその設置事務を中心的に担ったのだが，その際に新設する研究科の研究教育課程の特徴としてグローカルな実証研究を強調したことであった。そしてそこで念頭にあったのは，大学の三好キャンパスがトヨタ自動車㈱本社の近くにあり，同社がまさにローカルな活動から出発しながら，グローバルな企業に発展した典型的な企業であったから，この展開過程を実証的に研究することによって，経営学の実証研究に新たな成果を加えることができるのではないかという直観であった。新しい大学院の運営に責任を負っている者として，大学の「現有」スタッフと新しく採用できる優秀な研究者の専門分野と業績を見渡しながら，ローカルな産業・企業分

析とグローバルに発展したトヨタ自動車を対象とした研究を結びつけることによって新しいグローカルな経営研究を提示するという夢を密かに抱いていたことが今では懐かしく思い出される。この夢は実現できなかったけれども，グローカルというキーワードは，私にとってその後の研究の導きの糸となった。

　そういうわけで，本書の最も重要なキーワードはグローカルである。豊田佐吉の初期の活動は織機の開発であったが，その場所が江戸時代からの綿織物の産地であった遠州や知多，それらの産地の製品を買い集める集散地の名古屋に近く，機屋－仲買商－産地問屋－集散地問屋－貿易商社という製品流通のネットワーク上の有力者，知多の有力機業家の竹内虎王，知多の有力仲買商石川藤八，名古屋の有力綿布問屋服部商店の服部兼三郎，日本一の貿易商社三井物産の幹部社員藤野亀之助，児玉一造等との接触が可能であったことが苦難の時代の佐吉の開発活動を助け，グローバルという点では，中堅紡績業者としては異例の在華紡への早期かつ積極的参加が豊田家の家産の蓄積を促進したことが明らかである。グローカルというキーワードが，豊田家の事業史を実証的に研究する場合に分析の焦点をクリアーに照射してくれたのである。

　また本書のもうひとつのキーワードは佐吉自身が自らの活動を特徴づけることばとして使っている「俗業」と「旅稼ぎ」である。いうまでもなく発明と対比して発明の「資」を生み出す活動＝實業を「俗業」，国境を越えて中国に進出したことを「旅稼ぎ」と呼んだのであるが，これはまさに豊田家事業史研究の焦点が紡織業と在華紡研究にあることを雄弁に物語っている。

　また本書は，豊田家の高所得の形成過程を交詢社の「日本紳士録」に明治期から記載されていた所得税額の推移を追うことによって実証的に明らかにしようとした論文（本書Ⅱ）を出発点としているが，税務統計によって所得の推移を解明するという手法は，今世界中で評判になっているピケティの「21世紀の資本」の実証分析の手法と似ている。本書をきっかけとして「日本紳士録」の所得税額を活用した長期間にわたる日本の高額所得者の所得の推移や所得税納税者の所得分布の推移などに関する本格的な実証研究が現れ

ることを大いに期待している。

　本書は，80歳を超えた私にとっては恐らく最後の学術書ということになるであろうが，本書のようなかたちで研究の成果をともかくもまとめることができたことについては，私に研究教育の機会を15年近くも与えて頂いた東海学園大学の関係者の皆様のご厚情に心から感謝の意を表したい。また，出版事情厳しい折柄，本書の刊行を引き受けて頂いた㈱文眞堂の代表取締役社長前野隆氏と編集部の山崎勝徳氏のご配慮と，前野社長に紹介の労をとって頂いた下川浩一教授のご厚意に対しても心からお礼を申し上げたい。

　最後に私事にわたるが，長年にわたり私の研究活動を支えてくれた妻孝子に感謝の意を表することをお許しいただければ幸いである。

　なお，本書のⅡとⅣは企業家研究フォーラムの機関誌「企業家研究」に掲載された拙稿を転載したものであるが，それをお認め頂いた同誌編集委員会のご厚意に対してもお礼を申し上げたい。

著者紹介

山崎広明（やまざき・ひろあき）

1934年1月　福岡市に生まれる
1956年　東京大学経済学部卒，農林中央金庫に勤務後，大学院に進学
1963年　東京大学大学院社会科学研究科応用経済学専門課程単位取得退学
その後，神奈川大学，法政大学，東京大学社会科学研究所，埼玉大学，東海学園大学に勤務
現在：東京大学・東海学園大学名誉教授

豊田家紡織事業の経営史
紡織から紡織機、そして自動車へ

2015年7月15日　第1版第1刷発行　　　　　　検印省略

著　者　山　崎　広　明

発行者　前　野　　　隆

発行所　株式会社　文　眞　堂
東京都新宿区早稲田鶴巻町533
電話　03(3202)8480
FAX　03(3203)2638
http://www.bunshin-do.co.jp/
〒162-0041　振替00120-2-96437

印刷・モリモト印刷／製本・イマヰ製本所
© 2015
定価はカバー裏に表示してあります
ISBN978-4-8309-4860-2　C3034